OMG BEES!

OMG BEES!

Matt Kracht

Bienen sind cool-
und jetzt findest du raus, warum

Übersetzt von Cordula Weiß

INHALT

Es geht los

Während ich hier sitze und diese Zeilen schreibe, herrscht draußen warmes Frühlingswetter – und ihr wisst, was das bedeutet. Richtig: BIENEN!
Wenn euch noch nicht klar ist, warum das so wunderbar aufregend ist, macht es euch bequem, denn ich werde es euch nun in diesem unglaublichen Buch erzählen. Am Ende werdet ihr einsehen, wie genial Bienen sind, und euch dafür bei mir bedanken wollen.
Ja, ich weiß, dass es Menschen geben soll, die keine Bienen mögen, aber diese werden wir jetzt einfach mal ignorieren, denn Bienen sind definitiv sensationell.
Außerdem: Wusstet ihr, dass wir ohne Bienen alle an einer Apfel-Mangelernährung sterben würden? Das nennt sich Ökologie. Ernsthaft, Bienen sind für unsere Ernährung so unglaublich wichtig, dass wir sie vor Dankbarkeit umarmen sollten.
Wobei, vielleicht doch lieber nicht wortwörtlich, denn während sie unseren tiefsten Dank verdienen, mögen sie es nicht wirklich, umarmt zu werden – und das sollten wir besser respektieren.
Genug geredet, denn lange Einleitungen sind langweilig. Also los mit den Bienengeschichten!

Matt Kracht
Tacoma, Washington

DIE GROSSFAMILIE DER BIENEN

Auch wenn den Honigbienen die korrekten Verwandtschaftsbeziehungen herzlich egal sind, will ich hier für alle Entomologen und solche, die das gerne werden wollen, kurz darauf eingehen.

Wir reden von Bienen und meinen meist unsere Westliche Honigbiene. Das vereinfacht die Sache zwar ganz wunderbar, doch eigentlich ist es mit den Familienverhältnissen deutlich komplizierter. Diese sind nämlich ziemlich unübersichtlich und durchaus umfangreich.

Die Überfamilie der Bienen (Apoidea) umfasst immerhin etwa 20 000 Arten, die Familie der Echten Bienen (Apidae) über 6000 Arten und die Gattung der Honigbiene (Apis) auch noch neun Arten, von denen die meisten allerdings in Asien leben.

Nicht so einfach also, die Biene in deinem Garten mit Namen zu begrüßen!

Bienenhasser

Ich weiß ja, dass ich sagte, wir würden diese ignorieren, aber im Nachhinein finde ich das doch unfair. Ich habe ja selber gemischte Gefühle, was die wilde Natur angeht. Während ich mich meist an ihr erfreue, gibt es ehrlicherweise Dinge, die ich wirklich mag, und andere, auf die ich gerne verzichten würde.

Ich denke, ihr wisst, was ich meine. Zum Beispiel lieben viele einen schönen Abendspaziergang, aber gleichzeitig hassen sie Zecken und Schnaken. Manche gehen gerne schwimmen, finden aber das Gefühl von Seetang zwischen den Zehen gruselig. Andere mögen keine Spinnen (klar, kann ich verstehen, wer braucht schon acht Beine?). Tatsächlich gibt es auch Menschen, die Vögel nicht ausstehen können. Oder sie hassen Felsen oder Tannenzapfen, aber solche Leute sollte man sowieso meiden. Eine Menge Natur besteht aus Dreck, aber die meisten von uns besitzen trotzdem einen Staubsauger oder einen Besen. Ähm, wo war ich gleich stehen geblieben?

Oh, richtig. Manche mögen keine Bienen. Wer zur Hölle kann das verstehen?

Es wäre einfach, diejenigen, die keine Bienen mögen, zu verurteilen. Das müssen doch absolute Deppen sein, oder? Manchmal ist das wohl so, aber das kann auch völlig unabhängig von den Bienen der Fall sein.

Meine Theorie ist, dass die meisten, die sagen, dass sie Bienen nicht mögen, eigentlich ganz anständige Menschen sind, die einfach schlechte Erfahrungen mit Bienen gemacht haben oder allergisch sind und somit Todesangst haben, sobald Bienen in der Nähe sind. Manchmal kommt auch beides zusammen:

Mathematisch gesprochen ergibt ein Bienentrauma plus ein Bienenallergie-Koeffizient, geteilt durch die Entfernung zur nächsten Biene in Metern einen Indikator, was man von Bienen hält. Nicht jeder ist ein Mathe-Genie und somit habe ich für euch ein Diagramm erstellt, das dieses Prinzip illustriert. Ich nenne es das Furchtbezogene-Bienen-Einstellungs-Diagramm oder kurz, das FBED.

Von Kindheitstraumen abgesehen, gibt es keinen reellen Grund, Angst vor Bienen zu haben, außer man würde Bienen wirklich hassen und mit einem Stock in der Hand herumlaufen und Bienenwaben zerstören oder zuschlagen, sobald eine Biene in der Nähe auftaucht. Erst dann sollte man es wirklich mit der Angst bekommen, denn diese Bienen könnten zum Angriff übergehen – und ja, wer sollte es ihnen auch übel nehmen?

Jedenfalls sind Bienen, von wenigen Ausnahmen abgesehen, ziemlich friedlich, wenn sie nicht geärgert werden. Normalerweise stechen sie nur, wenn sie sich angegriffen fühlen. Werdet ihr also gestochen, seid ihr mit hoher Wahrscheinlichkeit selbst schuld daran!

FBED-Diagramm

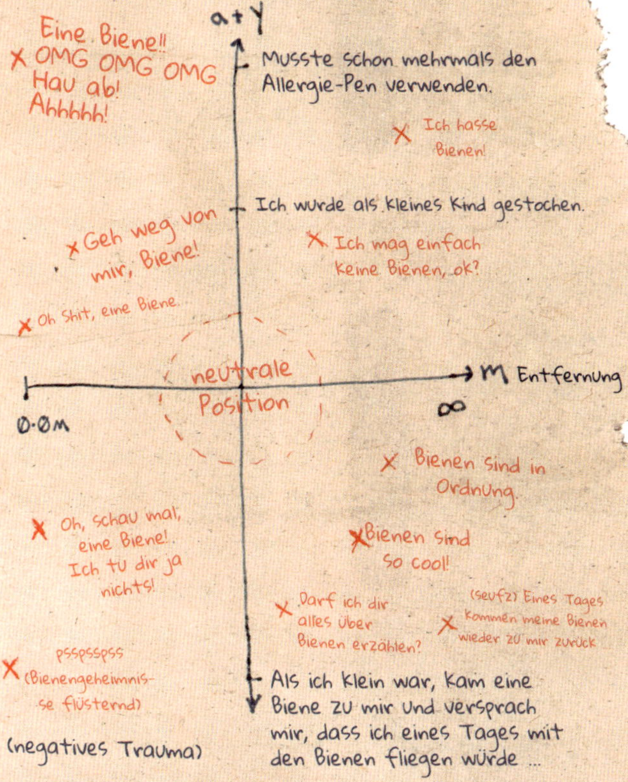

a = Schwere der Allergie

y = Bienentrauma

m = Nähe der Biene in Metern

$$\frac{a+y}{m} =$$

(keine Allergie = 0)

Nicht jeder ist gut mit Zahlen, ok?

BIENEN UND NICHT-BIENEN

Bevor wir richtig einsteigen, möchte ich ein paar Dinge klarstellen. Wenn wir von gestreiften fliegenden Insekten reden, die potenziell stechen könnten, gibt es Bienen und Nicht-Bienen. (Ich weiß, wir können es alle nicht erwarten, endlich zu den Bienen zu kommen, aber darum geht es schließlich im Rest des Buches. Deswegen lasse ich sie hier erst einmal außen vor. Keine Sorge, wir kommen zu den Bienen noch schnell genug!)

Zu den Nicht-Bienen gehören:

Schwebfliegen

Wespen

Hornissen

Schwebfliegen

Halten wir uns nicht so lange mit Schwebfliegen auf, sie haben es einfach nicht verdient. Unter ihren ungefähr 6000 Arten sehen viele zwar aus wie Bienen, sind aber keine. Na klar, auch Schwebfliegen (im Englischen auch Flower Flies genannt) bestäuben Pflanzen, aber anders als richtige Bienen mit ihren vier Flügeln besitzen sie nur zwei Exemplare.
Und ohne Stachel sind sie sowieso ziemlich wehrlos. Kann es sein, dass deshalb viele von ihnen die Bienen nachäffen? Oder sind es einfach traurige kleine Fliegen, die sich nur in ihrer Fantasie wie coole Bienen fühlen? Auf jeden Fall ein Bild des Jammers. Vielleicht sollte man sie „Möchtegern-Bienen“ nennen.

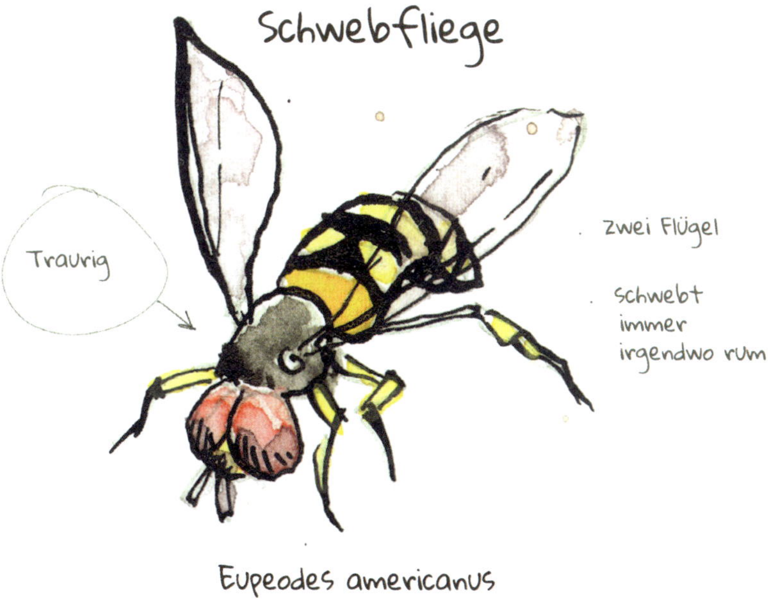

Wespen

Diese boshaften kleinen Mistviecher werden manchmal mit Bienen verwechselt – vor allem, wenn man erst acht Jahre alt ist und um sein Leben rennt, weil man gerade in einem größeren wissenschaftlichen Experiment mit einem Stock auf das Metallrohr der Wäschespinne schlug, um herauszufinden, wie das wohl klingen mag.

Im Zuge dieses Experimentes hatte man allerdings herausgefunden, dass der sanfte metallische Klang zwar angenehm für menschliche Ohren ist, aber anscheinend eine zornige Reaktion von Wespen hervorrufen kann, vor allem, wenn sich in dem oben offenen Wäschespinnenrohr ein Wespennest befindet.

Für den jungen Wissenschaftler war das unerwartete Resultat ein Schwarm kleiner gestreifter Insekten, die in Hochgeschwindigkeit aus der Stange herausgeschossen kamen und sich auf den Feind stürzten.

Also, Wespen sind definitiv keine Bienen. Sie sind mit Bienen und Ameisen verwandte Insekten und während sie als Bestäuber und Räuber anderer Insekten durchaus wertvoll für die Landwirtschaft sind, sind sie gemeingefährliche Schurken ohne Sinn für Fair Play.

Im Folgenden also eine Aufzählung von verschiedenen Wespenarten, die man antreffen könnte.

GEMEINE WESPEN

Vespula vulgaris, die Gemeinen Wespen oder auch einfach Wespen genannt, sind die häufigsten und wohl aggressivsten Viecher. Eine ihrer Nahrungsquellen ist der Zucker von Fallobst, aber sie mögen auch Fleisch und werden mit euch um den letzten Grillwurst-Bissen beim Firmenpicknick kämpfen. In diesem Fall schlage ich vor, dass ihr eure Teller einfach so weit und vorsichtig wie möglich von euch schiebt und den Wespen das Feld und die Wurst überlasst. Der Klügere gibt besser nach.

Wespe

- fleischfressend
- gemein
- steht auf deine Grillwurst

FELDWESPEN

Diese Wespen gehören zur Polistinae-Unterfamilie der Vespidae. Sie werden auch nach ihren papierähnlichen offenzelligen Nestern, die sie aus Spucke, Pflanzenfasern und totem Holz bauen, Papierwespen genannt. Da sie Bestäuber sind und andere Insekten wie Raupen und Käferlarven fressen, sind sie ein wichtiger Mitstreiter bei der biologischen Schädlingsbekämpfung und gelten bei vielen Gärtnern als Nützlinge. Anders als die aggressive Gemeine Wespe, greifen Feldwespen gewöhnlich nur an, wenn sie ihr Nest bedroht sehen – zum Beispiel durch einen jugendlichen Wissenschaftler, der an das Metallrohr schlägt, in dem sie leben.

GRABWESPEN

Auf der Terrasse oder im Garten kann man die kleinen Lehmhügel der Grabwespen finden. Sie gehören entweder der Familie der Crabronidae oder der Sphecidae an, jedoch nicht der Vespidae. Sie leben solitär, bauen also keine Nester, sondern einzelne Lehmzellen für ihre Eier und Larven, die sie mit gelähmten Raupen und Spinnen füttern. Ungestört sind sie Menschen gegenüber kaum aggressiv. Mein Rat? Ignoriert sie und sie werden euch ignorieren. Ähnlich wie Katzen (außer dass Katzen euch sowieso ignorieren werden, sodass das wohl doch kein so guter Vergleich ist). Es gilt hier also zwei Dinge zu beachten: Lasst Grabwespen in Ruhe und Katzen sind Ignoranten.

Hornissen

Alle Hornissen gehören der Familie der Vespidae an und sind eigentlich eusoziale* Wespen. Tatsächlich bilden sie die größte Wespenart. Weltweit sind knapp über 20 Hornissenarten bekannt, die meisten davon in Asien. Die Europäische Hornisse stammt zwar ursprünglich aus Europa, ist aber die einzige echte Hornisse, die auch in Nordamerika vorkommt, eingeführt von einer europäischen Dumpfbacke in den 1800ern. Sie sind nicht übermäßig aggressiv und stechen eigentlich nur, wenn man auf sie tritt, sie berührt, man in die Nähe ihres Nestes kommt oder zu nah an eine Nahrungsquelle. Also eigentlich jederzeit und überall, aber davon abgesehen, sind sie ziemlich gechillt.

Europäische Hornisse

liebt Obst, tötet und frisst aber auch Insekten

Vespa crabro

Eusoziale Arten leben in Mehrgenerationen-Verbänden. Dabei kümmert sich die Mehrzahl der Tiere um die Nahrungsbeschaffung, die Verteidigung und die Brutpflege einer kleinen fruchtbaren Gruppe, meist einem Weibchen und mehreren Männchen.

Viele Bienen sind, wie die Honigbiene auch, eusozial. Sie sind aber nicht die einzigen im Tierreich. Beispielsweise gibt es eusoziale Ameisen und Termiten. Nacktmulle sind ebenfalls eusozial und außerdem super gruselig.

Ein Wort zu „Killerhornissen“

Ihr korrekter Name ist Asiatische Riesenhornisse und sie ist die weltweit größte bekannte Hornissenart. Nicht auszudenken, dass jemals eine noch größere Hornisse als die Vespa mandarinia entdeckt werden könnte, denn allein der Gedanke daran, mit einer dieser Monstrositäten im gleichen Raum zu sein, verursacht Schweißausbrüche.

Dieser fliegende Albtraum misst fast 5 cm in der Länge und hat eine Spannweite von 7,5 cm. Als ob das noch nicht reichen würde, ist ihr Stachel mit soliden 6 mm viermal so lang wie ein Bienenstachel und könnte somit einen Imkeranzug problemlos durchstechen.

„Haha“, sagt ihr, „nein danke! Das reicht, mehr brauchen wir gar nicht zu wissen!“ Tja, Pech gehabt, denn da kommt noch mehr!

Die Killerhornisse ist mit einem extrem wirksamen Gift ausgestattet – Gestochene berichten, es hätte sich angefühlt, als sei ihnen ein rotglühender Nagel ins Fleisch getrieben worden. Obwohl es sich faktisch nicht um das wirksamste Gift der Welt handelt, macht dieses Tier das wett, indem es eine extragroße Portion davon injiziert. Mehrere Stiche sind daher potenziell tödlich für Menschen, sogar für Nicht-Allergiker.

Asiatische Riesenhornissen gelten als extrem räuberisch und jagen andere Wespenarten und Hornissen und töten sogar das ein oder andere Nagetier, wenn ihnen gerade danach ist.

Ach, und hatte ich schon erwähnt, dass sie auch dafür bekannt sind, Gift in die Augen ihrer Opfer zu sprühen? Meine Güte!

Vespa mandarinia
Asiatische Riesenhornisse

Von all dem abgesehen, sind sie auch dafür berüchtigt, Honigbienen zu ermorden. Sobald eine dieser Hornissen einen Bienenstock findet, tötet sie ein paar Bienen und bringt sie als Nahrung in ihr Nest. So beginnt es, aber am Ende fliegt sie mit etwa 30 Freunden los und das Morden beginnt. Sie ergreifen die Bienen und enthaupten sie lässig, indem sie einer nach der anderen den Kopf abreißen, bis das ganze Bienenvolk ausgelöscht ist. Es sind Stunden voller gnadenlosem, blutigem Chaos und die Honigbienen haben keine Chance.

Danach folgt die Übernahme des Bienenstocks. Die Hornissen ziehen dann für einige Tage zwischen Tausende kopfloser Bienenkörper ein, töten all die wehrlosen Bienenlarven und verfüttern sie an ihre eigene Brut.

Das Ganze wirkt wie ein Horrorfilm aus den 1970ern, nur heftiger, da real. Die einzig gute Nachricht ist, dass diese Hornissenart in Europa (noch!) nicht heimisch ist. Bisher traf man die Riesenhornissen nur in Teilen Asiens an, doch in letzter Zeit fand man diese Bienenkiller auch im kanadischen Vancouver und im US-amerikanischen Bundesstaat Washington. Während man bisher glaubte, dass sie sich auf den Nordwesten begrenzen, fürchtet man ihre Verbreitung mittlerweile in ganz Nordamerika. Sie haben das Potenzial, die Honigbienenpopulation schnell zu dezimieren. Das wären sehr schlechte Nachrichten für die Bienen, geschweige denn für alle, die sich von landwirtschaftlichen Produkten ernähren. Noch hofft man, ihre Zahl begrenzen zu können, und fordert die US-Bevölkerung auf, jede Sichtung zu melden.

Bienen-Anatomie

Gut, es gibt noch weitere Körperteile, aber das lassen wir jetzt lieber mal, ok?

Was ist eine Biene?

Nachdem wir besprochen haben, was alles keine Bienen sind, können wir mit dem Wichtigsten weitermachen: „Was IST eine Biene?"

Ein Wissenschaftler würde wahrscheinlich sagen, es handelt sich um ein fliegendes Insekt, das Pollen und Nektar sammelt. Wir kennen Bienen als Bestäuber von Pflanzen und einige Arten auch als Honigproduzenten. Es gibt möglicherweise um die 20 000 verschiedene Spezies, die alle zur Gruppe der Anthophila und die wiederum zur Überfamilie der Apoidea der Ordnung Hymenoptera gehören.

Eine Biene würde wohl sagen: „He, wo ist dein Problem? Warum müssen sogenannte Wissenschaftler immer versuchen, uns zu etikettieren? Ihr kennt mich doch gar nicht!"

Und da würde ich antworten: „Alles gut, kümmere dich nicht um den Kerl, Biene! Er versucht nur, seine Welt durch Klassifizierung zu verstehen. Ich glaube, es hilft ihm, sich schlau zu fühlen. Diese Wissenschaftler haben tiefsitzende Unsicherheiten." Und die Biene daraufhin: „Wie auch immer. Ich hab keine Zeit für so was, du Clown! Komm, wir ziehen los und suchen uns 'ne krasse Blume!"

*Tatsächlich haben Bienen vier Flügel. Hä? Ja, krass! Zum Fliegen haken sich jeweils Vorder- und Hinterflügel ein und bilden eine Riesenflügelfläche.
(Das erzeugt einen größeren Auftrieb, was effizient und echt genial ist.)

DIE SIEBEN BIENEN-FAMILIEN

Wenn ich hier von sieben Bienen-Familien spreche, denkt ihr vielleicht: „Sieben Bienen-Familien? Was zur Hölle soll das nun wieder sein? Der Titel des aktuellen Coming-of-Age-Romans? Eine neue Doku-Miniserie? Oder vielleicht ein geiler Martial-Arts-Streifen über Kung-Fu im Bienen-Stil?“

Wow, super Idee, ich muss zugeben, das wäre ein echt cooler Streifen – ich mag, wie du denkst! Aber tatsächlich, nee.

Es geht mir hier um die biologische Klassifizierung der Bienen in sieben Familien. Also Reich, Stamm, Klasse, Ordnung, Familie ... quasi eine wissenschaftliche Familienaufstellung.

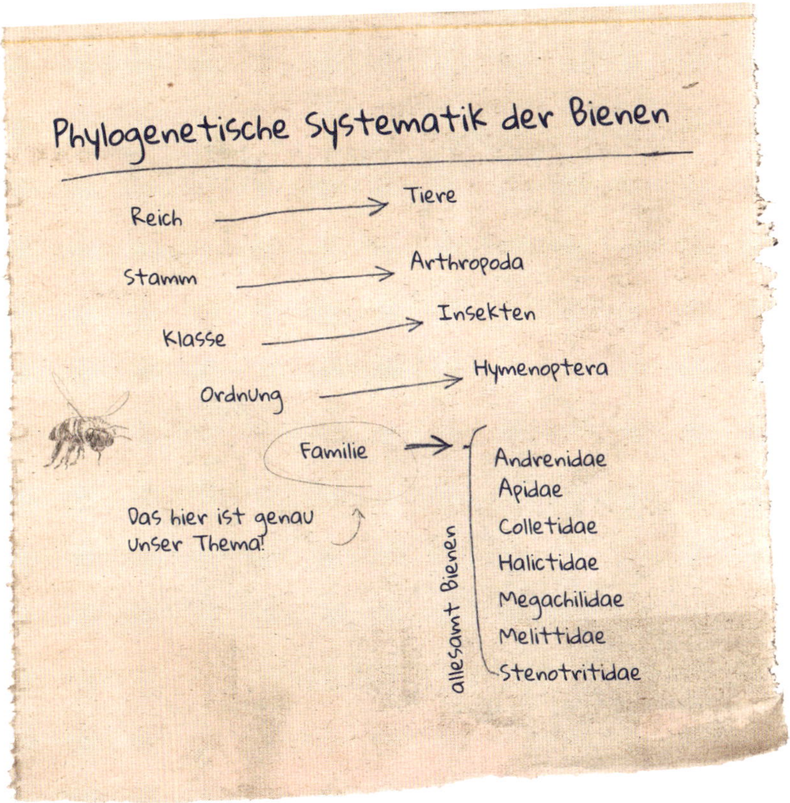

Andrenidae

Von diesen niedlichen Kerlchen habt ihr vielleicht schon gehört. Sie sind kleiner als Honigbienen und meistens schwarz mit weißem oder hellbraunem Pelz. Sie werden auch Sandbienen genannt, da sie ihr Nest in der Erde bauen. Sie sind solitär, was heißt, dass diese Bienen nicht in einem Bienenstock leben. Im frühen Frühjahr kommen Männchen und Weibchen aus ihren Nestern und paaren sich. Danach heißt es: „Tschüss, war super!“, und das Weibchen fliegt los, um sich einen Bauplatz für ihr Nest zu suchen. Sie baut kleine Zellen aus Nektar und Pollen, legt in jede ein Ei und versiegelt sie für den Winter. Aber stell dir vor: Im nächsten Frühjahr krabbeln sie als fertige Bienen heraus! Es gibt viele verschiedene Arten in dieser Familie und sie sind alle Freigeister.

Sandbienen

Calliopsis rhodophila

Apidae

Endlich wird es wirklich spannend, Baby, denn wir kommen zur interessantesten Bienenfamilie, zu der auch die klassischen Bienenarten gehören: die Hummeln und die Honigbienen. Dazu gehören auch noch ein paar wirklich faszinierende Charaktere wie die Langhornbienen, Holzbienen, Pelzbienen (Anthophora), Kaktusbienen (Diadasia) und diese absolut verrückten Orchideenbienen. Jede Menge verschiedene Bienen – da sollte doch für jeden was dabei sein!

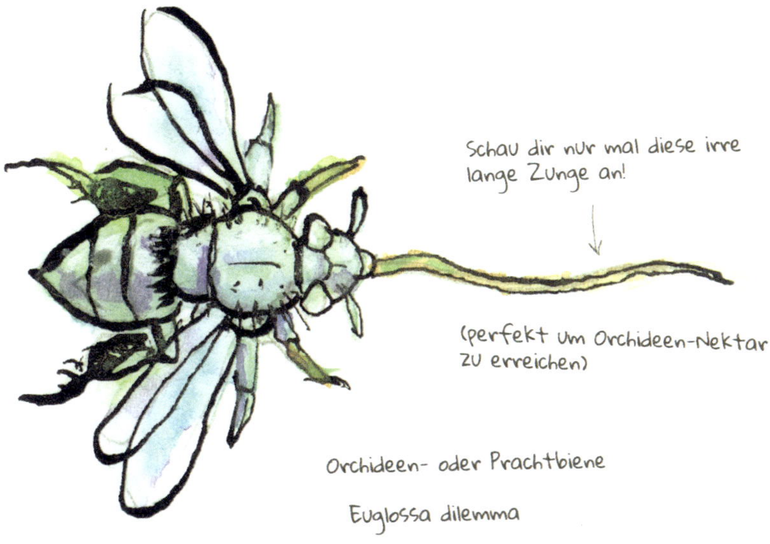

Colletidae

Diese Süßen heißen auch Urbienen oder Stuckateurbienen, da sie ihr Nest mit einem Sekret aus ihrem Mund auskleiden, was zu einer Art wasserfestem Zellophan eintrocknet. Unglaublich, oder? Außerdem sind sie nachtaktiv – na ja, genau genommen sind sie hauptsächlich dämmerungsaktiv. Aber trotzdem, was es nicht alles gibt, Nachtbienen!!!

Caupolicana electa

Halictidae

Im Englischen werden sie Sweat Bees genannt, also Schweißbienen. Klingt ziemlich eklig, ich weiß. Aber stopp mal! Sie sind nicht eklig oder verschwitzt, sondern werden von Schweiß angelockt. Ok, ja, das klingt jetzt wohl doch ein bisschen eklig. Aber es ist das Salz im Schweiß, das sie brauchen! Bienen sind halt auch nur Menschen … Schweißbienen findet man weltweit, somit habt ihr vielleicht schon mal welche gesehen. Viele haben metallisch leuchtende grüne, blaue oder rote Körper, einfach der Wahnsinn. Wenn man darüber nachdenkt, sind sie so viel cooler als der Standard-Mensch, der nur in langweilig-stumpfem Mattlack rumläuft. Kein Wunder, dass wir glitzernde Goldlamé-Overalls erfunden haben!

Augochloropsis metallica

Megachilidae

Diese schrägen Typen tragen Pollen ausschließlich an ihrer Bauchunterseite, auch Bauchbürste genannt. Es ist ihnen komplett egal, dass die meisten anderen Bienen Pollen an ihren Hinterbeinen tragen – sie machen einfach, was sie wollen!

Zur Familie der Megachilidae gehören Mauerbienen, Blattschneiderbienen und Harzbienen, jede nach dem Material benannt, das sie für ihren Nestbau verwenden (Erde, Blätter oder Baumharz).

Megachile centuncularis

Melittidae

Hierbei handelt es sich um eine kleinen Bienenfamilie mit knapp über 200 Arten. Sie leben solitär in trockenen Klimazonen, wo sie im Boden nisten. Üblicherweise sammeln Bienen den Pollen und Nektar vieler verschiedener Pflanzen, doch die Melittidae sind oligolektische Bestäuber. Sie sind also auf nur wenige Pflanzenarten spezialisiert, oft sogar auf nur eine einzige. Im Grunde sind sie also supermäkelig, vergleichbar mit einem bestimmten Cousin von mir, dessen Namen ich hier nicht nennen will, aber meine Güte, Jeff, jetzt stell dich nicht so an!

Macropis europaea

Stenotritidae

Mist, es gibt nur 21 Stenotritidae-Arten und die leben alle in Australien. So ungerecht, dass nur Australien so viel Glück hat! Diese Bienen graben und sind groß, schnell und wirklich ziemlich haarig. Eigentlich klingt das fast nach einem Hund! Oh, nein: Stell dir vor, man könnte einen Hund mit einer Biene kreuzen! Wie cool wäre das denn? Ich würde ihn Buzz nennen! Wie auch immer: Stenotritidae zählten ursprünglich zur Familie der Colletidae, wurden jedoch 1980 zu einer eigenen Familie befördert, dank des coolen Bienenforschers Ronald J. McGinley.

Ctenocolletes nigricans
(Stenotritidae)

EIN WORT ZU KUCKUCKSBIENEN

„Kuckucksbiene" ist ein umfassender Begriff für verschiedene Bienen aus unterschiedlichen Familien. Sie haben sich darauf spezialisiert, ihre Eier in fremde Nester zu legen – im Grunde wie der Kuckuck seine Eier in fremde Nester von Vögeln legt und seine Brut von diesen Trotteln füttern und aufziehen lässt. Das nennt man Kleptoparasitismus und ist irgendwie Betrug, aber doch auch ziemlich schlau, wenn ihr mich fragt. Weibliche Kuckucksbienen sind nicht dafür ausgerüstet, Pollen zu transportieren. Sie bauen auch keine eigenen Nester. Warum nicht? Tja, haben sie einfach nicht nötig!

BIENEN-JOBS

Glaubt es oder nicht, so ein Bienenleben besteht nicht nur aus rumfliegen, Blümchen bestäuben und kuschelig aussehen. Bienen haben haufenweise wichtige Arbeit und die wird in Arbeitsteilung erledigt.

Soziale Bienen

Soziale Bienen leben in verschiedenartigen Gemeinschaften. Betreiben sie eine sogenannte kooperative Brutpflege von sich überlappenden Generationen und werden dabei verschiedene Arbeitsfunktionen untereinander verteilt, nennen wir sie eusozial. Beispiele sind Honigbienen, stachellose Bienen und einige Hummelarten.

Ich weiß, das klingt kompliziert, aber entspann dich! Eigentlich bedeutet es nur, dass jede Biene im Stock einen von drei sehr spezifischen Jobs erledigt, und das ein Bienenleben lang.

DIE ARBEITERINNEN

Die meisten Honigbienen im Stock sind Arbeiterinnen. Diese unfruchtbaren Bienen sind die kleinsten dieser drei Gruppen. Sie werden Arbeiterinnen genannt, denn sie sind es, die die Sache am Laufen halten. Sie bauen Nester, sie sammeln Pollen und Nektar, sie machen Honig, sie belüften mit ihren Flügeln den Stock und regulieren damit Temperatur und Luftfeuchtigkeit, sie füttern die Larven, kümmern sich um die Drohnen und die Königin, und wenn die Königin keine Eier mehr legt, ersetzen sie das Weib, indem sie eine neue Königin basteln. Diese Bienen leisten was!

DIE DROHNEN

Männliche Bienen heißen Drohnen. Sie sind insgesamt größer als die weiblichen Arbeiterinnen.

„Jetzt warte mal“, denkst du, „sagtest du nicht, dass die Weibchen die ganze Arbeit erledigen? Was also bleibt da für die Männchen?“

Danke für diese ausgezeichnete Frage! Die korrekte Antwort ist: Eigentlich so gut wie gar nichts, denn Drohnen leisten verdammt wenig im Stock. Im Grunde sind sie nur dazu da, um sich mit der Königin zu verpaaren. Wieder mal typisch!

Außer für die Vermehrung zu sorgen, hängen sie vermutlich den ganzen Tag nur rum. Sie haben ja noch nicht mal einen Stachel. Also ehrlich, als Bienen sind sie so gut wie nutzlos.

Daher werden ihre faulen Hintern meist vor dem Winter, wenn das Futter knapp wird, aus dem Stock geworfen. Verzieht euch, ihr Versager, und fangt gar nicht erst an mit dem „Bitte, bitte, Baby!"-Quatsch!

NUR EIN TO-DO

Wir wissen nun, dass Drohnen im Stock nicht viel Nützliches leisten. Sie haben zwar keine Stacheln, aber was sie haben, sind größere Augen als die anderen Bienengruppen: „Damit ich dich besser sehen kann, Baby!" Das ist wichtig, wenn sie der Königin – raus aus dem Stock und ab in die Luft – auf dem Begattungsflug folgen müssen. Wie gesagt, das ist dann auch schon alles, was sie können.

Honigbienen-Jobs

Arbeiterin

Drohne

Königin

DIE KÖNIGIN

Die Königin ist mit Abstand die Größte innerhalb der drei Gruppen. Das wäre der Job, den ich als Biene gewählt hätte. Dummerweise gibt es nur eine Königin pro Stock, von daher wäre die Chance leider gering.

Man sollte meinen, sie hätte ein goldenes Leben – rundum umsorgt und gefüttert von ihren Arbeiterinnen. Doch wie im richtigen Leben haben Königinnen oft nur wenig zu sagen. Ihr Leben besteht aus der Fortpflanzung. Und obwohl das für sie heißt, dass sie weder Pollen sammeln muss und auch sonst von der anderen üblichen Bienen-Plackerei verschont bleibt, legt sie täglich 1000 bis 6000 Eier, was sie durchaus beschäftigt halten sollte.

Wenn ein Bienenvolk eine bestimmte Größe erreicht hat, kann sich die Königin für einen Auszug entscheiden. Dabei nimmt sie einen Teil ihres Volkes mit, um an einem geeigneten Platz eine neue Kolonie zu gründen. Das nennt man schwärmen.

Die zurückgebliebenen Arbeiterinnen denken sich nur: „Na super, wir hatten ja nicht genug zu tun. Jetzt muss also auch noch ein neuer Satz Königinnen her!" Das machen sie, indem sie mehrere Larven ausschließlich mit sogenanntem Gelée royale füttern. Diese reifen dann in ihren Spezialzellen zu Königinnen heran.

Wenn dann die erste junge Königin schlüpft, schaut sie sich nach der Konkurrenz um und sticht sie ab – außer sie wird von einer anderen getötet. Ziemlich gemein, so unter Schwestern, aber es kann nun mal nur eine auf den Thron (glaubt mir, ein Blick in die europäische Geschichte reicht).

Wie auch immer, wenn die gesamte Konkurrenz ausgelöscht wurde, fliegt die Siegerin aus und feiert, indem sie sich von einem Haufen Drohnen begatten lässt, möglichst von einem Dutzend oder mehr. Nach der Begattung fallen die Männchen einfach tot um, denn damit haben sie ihren Lebenszweck erfüllt. Die nun nicht mehr so jungfräuliche Königin kehrt zurück zu ihrem Stock und legt für den Rest ihres zwei- bis siebenjährigen Lebens Eier. Kein schlechter Job, wenn man das Glück hat, ihn zu bekommen.

Solitärbienen

Anders als eusoziale Bienen leben andere Bienenarten ohne Arbeitsteilung. Viele Arten, wie die Mörtelbienen, Holzbienen und Blattschneiderbienen, werden daher Solitär- oder Einsiedlerbienen genannt.

Bei Solitärbienen ist jedes Weibchen fruchtbar, baut ihr eigenes Nest und legt viele Eier. Alle geschlüpften Weibchen sind ebenfalls wieder fruchtbar und legen eigene Nester an. Sie leben also ohne Ammenbienen, ohne Königin und ohne Arbeiterinnen. Lediglich die Männchen sind wieder nur für die Begattung zuständig.

Konservative Vertreter traditioneller Rollenverteilung könnte das schockieren. Ich dagegen finde, dass man ihren Mut, gesellschaftliche Erwartungen zu ignorieren, bewundern muss. Diese Bienen schert es einen Dreck, was eusoziale Rollenmodelle betrifft. Sie sind da draußen unterwegs und leben ein authentisches Leben nach ihren eigenen Vorstellungen und ich finde das großartig. Ich bin jedenfalls Team Solitärbiene!

DIE HONIG-MACHEREI

Tja, keiner weiß wirklich, wie genau Bienen Honig herstellen – haha, natürlich ein Scherz! Selbstverständlich ist darüber alles bekannt – und ich bin hier, um es euch jetzt zu erzählen.

Erstmal muss ich klarstellen, was Honig eigentlich genau ist. Auch wenn ihr bisher gemeint habt, ihr wüsstet alles über Honig, sollten wir uns trotzdem noch mal damit beschäftigen. Glaubt mir, es lohnt sich!

Über Tausende von Jahren war Honig ein begehrtes Süßungsmittel und eine wertvolle Handelsware für die Menschheit. Tatsächlich gibt es archäologische Nachweise, einschließlich Höhlenmalereien von Bienen und Imkern, die um die 9000 Jahre alt sind.

(Nebenbei bemerkt haben Bären und Dachse schon seit Anbeginn der Zeit Honig gesammelt. Somit waren wir zwar nicht die ersten Honigfreunde, aber die ersten, die es dokumentierten. Zumindest soweit wir wissen. Ich meine, Bären sind halt notorisch schlechte Zeichner, somit ist es unklar, ob sie nicht vielleicht doch die ersten waren. Nun ja, das wären wohl nur verschmierte gelbe Kleckse an einem Baum gewesen und nicht wirklich als Bienen erkennbar. Haha, netter Versuch, ihr Bären!)

Jedenfalls ist Honig süß und köstlich und wertet jedes Butterbrot auf! Honig besteht hauptsächlich aus verschiedenen Zuckerarten, aber auch aus Aminosäuren, Vitaminen, Eisen, Zink und Antioxidantien. Honig hat entzündungshemmende Eigenschaften, wirkt hustenstillend. Er wurde in Studien unter anderem mit einer ganzen Reihe von möglicherweise heilenden Eigenschaften in Verbindung gebracht, wie einem verminderten Risiko von Herzkrankheiten, schnellerer Wundheilung und sogar mit gedächtnisfördernden Auswirkungen. Ziemlich unglaublich, oder? Aber das Unglaublichste ist, dass wir das alles Bienen zu verdanken haben. Bienen!!

Arbeiterinnen beginnen im Alter von etwa drei Wochen den Stock zu verlassen, um Nektar und Pollen zu sammeln. (Ziemlich jung, um außerhäusig zu arbeiten, aber da sie nur etwa zwei Monate alt werden, entspricht das wohl eher so dem mittleren Alter.) Jede dieser Sammlerinnen fliegt auf der Suche nach Blumen hinaus und jede kann ihr eigenes Gewicht an Nektar wieder in den Stock zurückbringen. Ganz schön beeindruckend, vor allem wenn man schon mal versucht haben sollte, fliegend sein eigenes Gewicht zu tragen.

Anders als Motten, die Nektar durch ihren Rüssel trinken, trinken Bienen auf Nektarsuche, indem sie ihre kleinen Bienenzungen in hoher Geschwindigkeit immer wieder in den Nektar tunken. Das ist allerliebst und nebenher absolut effizient und präzise, also 100 Prozent typisch für eine Honigbiene.

FETTE BEUTE

Obwohl die Begriffe inzwischen oft austauschbar sind, ist eine „Beute“ oder ein „Bienenstock“ menschengemacht, während ein „Nest“ natürlich vorkommt und von vielen Bienenarten benutzt wird, ob sie nun Honig produzieren oder nicht.

Moderne Bienenbeuten mögen zwar weniger Charme haben als die traditionellen Modelle aus Stroh, aber sie sind optimal für den Gebrauch konstruiert: Sie erlauben einen leichten Zugang zum Honig, ohne das Bienenvolk zu beschädigen oder zu traumatisieren.

Die typischen gewölbten Bienenkörbe, die man immer noch oft als Symbol für Imkerei oder Honig sieht, haben sich aus einem uralten Design namens Stülper entwickelt. Es war ein auf den Kopf gestellter Weidenkorb, der mit Lehm und Mist bestrichen wurde. Der offene Innenraum von Stülpern bedeutete eine erschwerte Honigernte, die oft mit dem Tod aller Bienen verbunden war. Der Imker musste den Korb umdrehen und die gesamten Honigwaben herausschneiden. Manchmal wurde sogar der komplette Korb ausgepresst, eine doch ziemlich drastische Maßnahme mit einer für heutige Konsumenten vielleicht nicht mehr akzeptablen Mist-Honig-Relation.

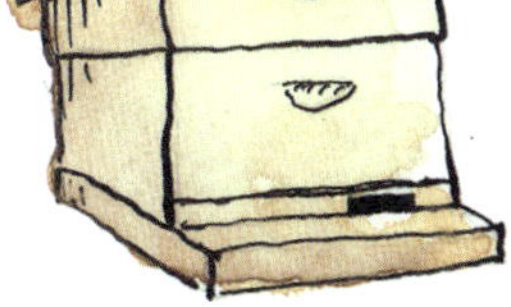

moderne Bienenbeute

Bienenkorb (Stülper)

Die Biene transportiert den Nektar in einem speziellen Darmabschnitt, Honigmagen oder Honigblase genannt. Ermüdet sie, kann sie auch mittels einer Art Ventil einen Teil des zuckerreichen Nektars in ihren regulären Verdauungsmagen entleeren und somit neue Energie gewinnen. Ist das nicht der komplette Wahnsinn? Auftanken mitten im Flug! Aber die Honigbiene sagt nur: „Na und? Dafür wurde ich geboren!"

Kehrt die Sammelbiene dann zu ihrem Bienenstock zurück, gibt sie ihre zuckerhaltige Fracht an eine Stockbiene weiter. Der Nektar wird von Rüssel zu Rüssel weitergereicht und die Stockbiene fügt ein spezielles Bienenenzym aus ihrem Speichel hinzu, Invertase genannt. Die Saccharose wird dabei komplett von Enzymen zersetzt. Danach wird der eingedickte Nektar in den offenen Wabenzellen eingelagert. Dabei verdunstet die Feuchtigkeit von etwa 70 auf 20 Prozent und das Zeug wird zu Honig.

Jetzt brauche ich eine kurze Pause, denn ist das alles nicht genial? Egal, ob man das nun Chemie oder Verdunstung nennt – es ist einfach nur wow! Jedenfalls versiegeln die Stockbienen danach den Honig mit Wachs, um ihn haltbar zu machen. Später wird er, mit Pollen vermischt, zum sogenannten Bienenbrot. Es besteht hauptsächlich aus Zucker und Protein und dient den Bienen zur Versorgung der Brut und als wichtiges Futtermittel, das dem Volk hilft, durch den Winter zu kommen (das und der Rausschmiss der männlichen Bienen aus dem Stock).

BOOM. Honig!

Die Honig-Manufaktur

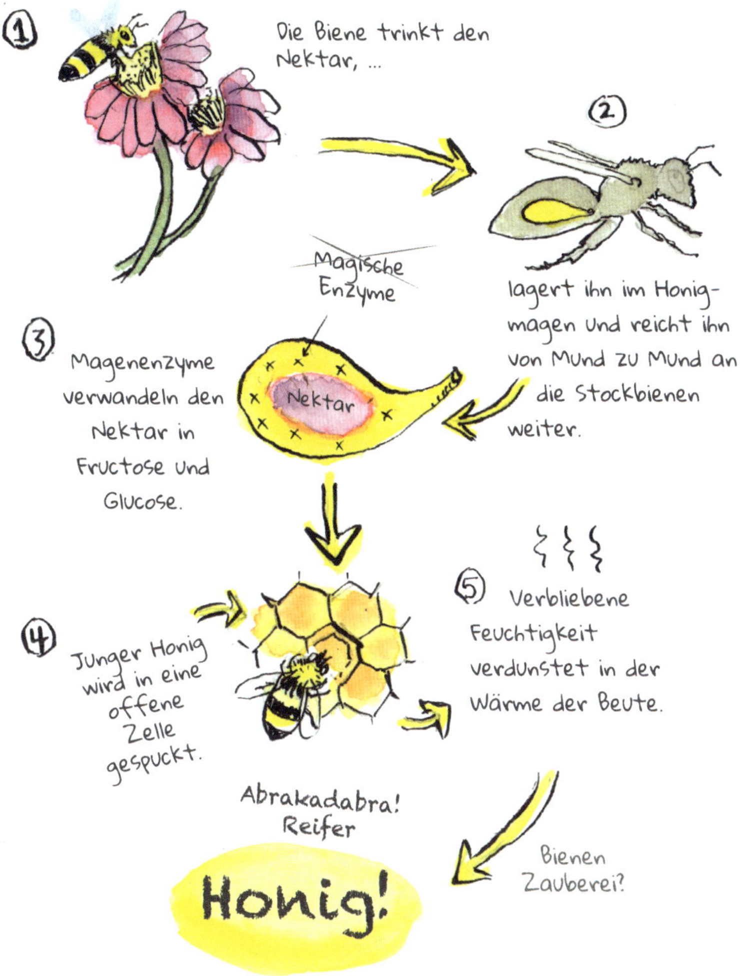

Mehr als nur Honig

Also gut, wir sind uns einig, dass Honig sensationell ist. Aber nicht alle Bienen stellen Honig her. Eigentlich produzieren von ungefähr 20 000 Bienenarten nur etwa 100 Honig und diese gehören alle der Familie der Apidae an. Ganz genau, die allermeisten Bienenarten machen also überhaupt keinen Honig!

Na und? Muss eine Biene Honig machen, um geschätzt und gewürdigt zu werden? Bienen sind nicht nur dafür da, süßes Zeug zu produzieren, was du dann, ohne darüber nachzudenken, in deinen Bio-Naturjoghurt tröpfeln kannst. Sie wachen nicht jeden Tag auf und fliegen los, damit du ihren schwer verdienten Honig in deinen Kamillentee rühren kannst, im vergeblichen Versuch, ihn schmackhafter zu machen. Als ob überhaupt irgendwer so einen Tee mögen würde!

Die meisten Bienen versuchen einfach, ihr Leben zu leben und ihren Nachwuchs aufzuziehen, wie wir alle. Und zur Erinnerung: So ganz nebenbei bestäuben sie auch noch unsere Pflanzen und sorgen für unsere Ernten, ohne auch nur ein Dankeschön von uns zu erwarten. Also, wie wäre es mit ein bisschen Dankbarkeit, wenn du mal kurz deine Gier auf süßen, leckeren Honig unterdrücken würdest?

Meine Güte, was bist du eigentlich, ein hungriger Bär, oder was?

Alles über Sechs

Wir alle haben von Honigwaben gehört, aber was genau ist das eigentlich?

Aus Bienenwachs gefertigte Honigwaben sind für Bienen der Gattung Apis von entscheidender Bedeutung. Eine Bienenwabe ist ein Gebilde, das sich aus sechseckigen Zellen zusammensetzt und den Bienen zur Lagerung von Pollen, Nektar und Honig und zur Aufzucht der Brut dient.

Nur Honig produzierende Bienen stellen Honigwaben her. Der Grund dafür ist kein großes Geheimnis. Überleg doch mal kurz!

Die Honigwabe mit ihrem unverwechselbaren hexagonalen Aufbau ist eine der am besten untersuchten Zellstrukturen der Natur. Wenn man sein Mathewissen vorzeigen wollte, könnte man nun extrem mathematisch werden. Allerdings nur, wenn man ignoriert, dass sich nur andere Mathematiker für den Kram interessieren. Lass es mich also abkürzen und sagen, dass das Faszinierendste an einer Honigwabe ist, dass sie von Bienen hergestellt wird. Denn obwohl sie jede erdenkliche Form wählen könnten, bauen sie ausschließlich ineinandergreifende Sechsecke.

Das Herstellen von Wachszellen für die Brut erfordert Zeit, Energie und Rohstoffe. Als Biene möchte man außerdem keinen Platz verschwenden. Soweit klar. Aber warum dann nicht aneinandergereihte Quadrate oder von mir aus auch Dreiecke anstatt der komplizierten sechseckigen Polygone mit all ihren 120-Grad-Winkeln? Wahrscheinlich fragten sich die Menschen das schon längst bevor die Geometrie überhaupt erfunden wurde.

Somit kommen wir zu Marcus Terentius Varro. Er gilt als einer der größten römischen Wissenschaftler – und wir wissen, was das für das Ego eines uralten Nerds bedeutete. 36 v. Chr. vermutete Varro, dass das Hexagon die kompakteste und daher effizienteste Wabenstruktur sei. Diese Annahme blieb seitdem die vorherrschende Theorie und nennt sich Wabenvermutung.

(Hier in kleines Geheimnis: „Vermutung“ ist das, was Wissenschaftler sagen, wenn sie denken, dass sie Recht haben, aber eigentlich nur raten.)

Jedenfalls war er wohl gut im Raten, denn 1999, also gerade mal 2000 Jahre später, beendete ein Mathematiker der University of Michigan namens Thomas Hales das Vermuten und bewies, dass ein regemäßiges Muster aus Sechsecken, also eine Bienenwabe, die optimale geometrische Aufteilung einer Fläche ist. Bewiesen hat er das mithilfe der Mathematik.

Keine Wabenstruktur wäre effizienter als das Sechseck – und wie wir wissen, lieben Bienen Effizienz. Aber wie zur Hölle kriegen sie das hin? Bienen sind erstaunliche Tierchen, aber die Benutzung eines Geodreiecks überfordert auch sie.

Die Sache ist, dass sie dafür keine Mathematiker sein müssen. Sie sind Bienen, das reicht. Arbeiterinnen kneten kleine Wachsplättchen mit ihren Mundwerkzeugen weich und mit ihren Beinen, Kiefern und Fühlern bauen sie damit runde Zellen. Diese Zellen haben den Umfang eines Bienen-Brustkorbs und da alle Baubienen gleich groß sind, gilt das auch für die Wabenzellen. Eine Zelle wird direkt an die nächste gebaut und immer so weiter. Honigbienen halten die Temperatur im Stock bei 30 bis 35 °C, was ganz zufällig auch die Temperatur ist, bei der das Wachs am leichtesten formbar ist, ohne flüssig zu werden.

Erst die im Stock aufsteigende Wärme formt die anfangs runden Zylinder zu ihrer typischen sechseckigen Form, indem sich das elastische, weiche Wachs in die dreieckigen Lücken legt.

Aber egal, wie immer man es auch betrachtet – für mich bleibt es geheimnisvolle Bienen-Magie. Oder kannst du etwa ohne Werkzeug ein perfektes Sechseck aus Wachs in deiner exakten Körpergröße herstellen? Na also ...

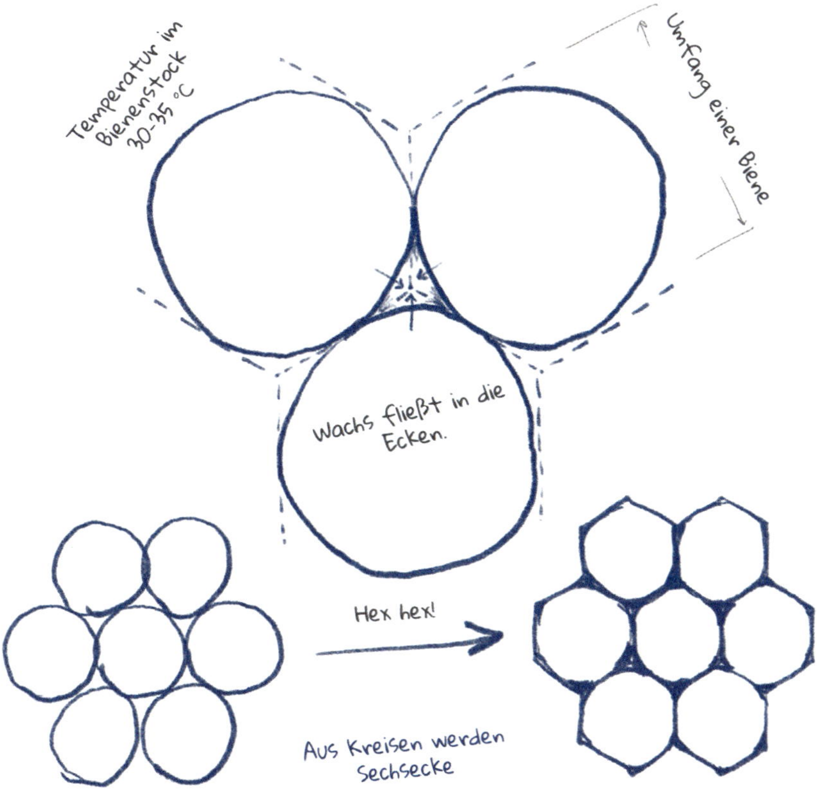
Temperatur im Bienenstock 30-35 °C
Umfang einer Biene
Wachs fließt in die Ecken.
Hex hex!
Aus Kreisen werden Sechsecke

SCHLAUER ALS GEDACHT

Jetzt könnte man meinen, dass Bienen nicht wirklich intelligent sind. Immerhin sind es Insekten mit einem Gehirn von weniger als 2 cm^3 (was 0,0002 Prozent des menschlichen Gehirns entspricht). Also dumm wie Brot?

Falsch! Vergesst es! Denn Bienen zeigen trotz ihrer relativ kleinen Gehirne durchaus eindrucksvolles Handeln und Lernverhalten. Sie können Pheromone, Gerüche, Geschmäcker und Farben (sogar ultraviolettes Licht) wahrnehmen und interpretieren. Sie können „mentale Stadtpläne" ihrer Umgebung anfertigen und komplexe Informationen übermitteln, um sich miteinander abzustimmen.

Wegen all dem lieben Wissenschaftler sie, vor allem als Modell, um an ihnen Intelligenz, Wahrnehmung und Lernverhalten zu studieren. Wahrscheinlich könnte man auch mit Delfinen forschen, doch jeder Meeresbiologe wird bestätigen, dass ihr Lachen nervt und ihr Atem nach Fisch stinkt.

Wie Bienen lernen

Wir wissen, dass Bienen assoziativ* lernen – das macht sie sehr effektiv bei der Nahrungssuche. Sie fokussieren sich auf die vielversprechendsten Blüten, und können sich bei der Futtersuche auf veränderte Bedingungen einstellen.

„Na super, sie sind halt gut bei dem, was Bienen so machen", meint ihr. „Tolle Sache!"

Aber was sagt ihr dazu: Sie können auch Aufgaben lösen, die nichts mit dem natürlichen Bienenverhalten zu tun haben, und dabei sogar neue Werkzeuge benutzen. In einer Studie lernten Hummeln einen Ball in ein Loch zu schieben, um an eine Fructose-Lösung zu gelangen. Gelernt haben sie das, indem sie einem Forscher dabei zusahen, wie er den Ball mit einer Hummel aus Plastik ins Loch rollte. Übrigens eine ziemlich miserable Hummelnachbildung, die wohl niemanden täuschen konnte, am wenigsten die Hummeln selber. Aber sie waren wohl zu höflich, ihre Meinung zu äußern, und schauten nur stumm zu. Sie haben das hinbekommen, nachdem es ihnen nur ein einziges Mal gezeigt wurde, und waren sogar in der Lage, ihre Technik im Laufe der Zeit noch zu verbessern. Ziemlich peinlich für den Forscher mit der zweifelhaften Hummelattrappe am Stiel!

Ursprünglich glaubten Wissenschaftler, dass nur Menschen Werkzeug benutzen würden und somit die Intelligentesten auf dem Planeten seien. Allerdings stellte sich mit der Zeit heraus, dass auch diverse Primaten, Meerestiere und Vögel Werkzeuge benutzen. Und jetzt stellen wir fest, dass auch Bienen lernen können, menschengemachte Objekte zu bewegen, um ihr Ziel zu erreichen. Was waren doch diese Wissenschaftler für Ignoranten!

*Von assoziativem Lernen spricht man in der Verhaltensforschung, wenn ein Reiz mit einer Reaktion verknüpft wird. Beispielsweise öffnest du eine Thunfischdose und nett, wie du bist, gibst du deiner Katze ein bisschen davon ab. Sobald das Kätzchen später wieder den Dosenöffner hört, wird diese selbstgefällig daherstolzierende, möbelzerfetzende, vierbeinige Haarmaschine wie aus dem Nichts erscheinen und ihr Recht auf ihren Anteil Thunfisch geltend machen. Das ist assoziatives Lernen!

Die Sprache des Tanzes

Was wie der Name eines Wahlfachs im Sommerkurs der Anthropologischen Fakultät unter der Leitung eines seltsamen Kunstprofessors klingt, ist richtig spannend: Wir wollen über die Tanzsprache der Bienen reden, genauer gesagt über den Schwänzeltanz der Honigbiene – faszinierend und unglaublich zugleich.

Wenn es ums Tanzen geht, sind Bienen Naturtalente. Aber hier geht es um mehr als nur coole Moves und ein bombensicheres Rhythmusgefühl. Für Bienen bedeutet das Tanzen eine Form der Kommunikation. Und damit meine ich nicht eine Art künstlerische Modern-Dance-Interpretation, sondern hier geht es um das buchstäbliche Vermitteln von Informationen. Wenn die Kundschafterinnen eine wirklich lohnende Futterquelle mit pollenbeladenen Blüten entdeckt haben, kehren sie zum Stock zurück, um ihren Schwestern alles darüber zu berichten.

Die anderen Sammelbienen jubeln, wollen aber eine genaue Wegbeschreibung. Durchaus eine Herausforderung, denn offensichtlich gibt es keine Adresse, die ins Navi eingegeben werden könnte.

Also greift die Biene auf den Schwänzeltanz zurück. Erfolgreiche Kundschafterinnen können damit den exakten Standort einer Futterquelle übermitteln. Die tanzende Biene bewegt sich dabei vertikal im Inneren der Beute in entgegengesetzten Halbkreisen, die insgesamt die Figur einer Acht beschreiben. Auf der geraden Mittellinie, die die beiden Halbkreise verbindet, wackelt sie mit ihrem Hinterleib und erzeugt mit ihren Flügeln Laute im niedrigen Frequenzbereich.

Und wie genial ist das denn bitte schön? Die Tänzerin richtet ihren Körper so aus, dass dieser die Lage der Nahrungsquelle vom Bienenstock aus in Relation zum Sonnenstand angibt. Zeigt die Mittellinie der Acht beispielsweise genau nach oben, dann befindet sich die Futterquelle genau in Richtung des momentanen Sonnenstands. Verläuft die Mittellinie in einem Winkel von 15 Grad nach rechts, dann müssen die Bienen mit 15 Grad Abweichung vom Sonnenstand nach rechts fliegen.

Die Intensität ihres Schwänzelns übermittelt die Qualität der Futterquelle und die Dauer die Distanz vom Stock zu ihrem Standort (wobei in der Bienensprache 1 Sekunde Schwänzeln etwa 1 km Entfernung entspricht). Außerdem produziert die Kundschafterin während ihres Tanzes Pheromone, wahrscheinlich um den anderen zu signalisieren: „Hey Mädels, schaut mal her, da drüben gibt's ein paar tolle Blüten, die nur auf uns warten!"

Es gibt sogar Hinweise, dass später ausfliegende Bienen die Bewegung der Sonne in ihre Berechnungen mit einbeziehen und auch dann noch die Futterquelle finden.

Was für eine Wahnsinns-Navigation!

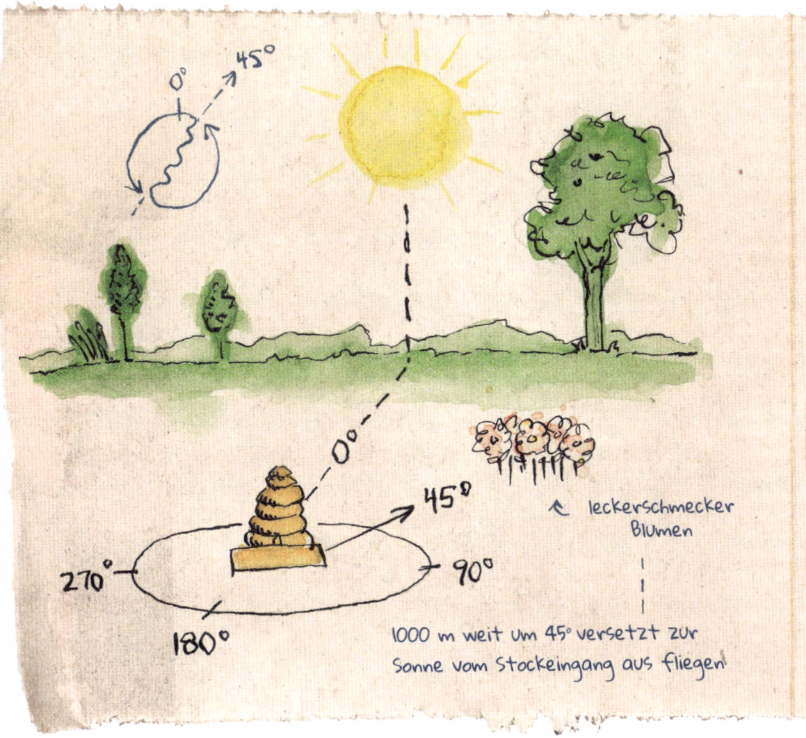

Ganz ohne Pollenallergie

Was wie farbiger Puder aussieht, sind in Wirklichkeit Mikrosporen von Samenpflanzen. Als Biene bleibt es dir überall am Pelz kleben. Keine Chance, das zu vermeiden! Während die Biene also von Blüte zu Blüte fliegt, trägt sie den Pollen vom männlichen Fortpflanzungsorgan der Pflanze zum weiblichen einer anderen, wo dann die Befruchtung erfolgt. Und zack, bestäubt!

An einem „Arbeitstag" sammelt eine einzige Biene Pollen bei 50 bis 1000 Blüten, je nachdem wie viel Pollen die jeweiligen Pflanzen bieten. Ein durchschnittlicher Bienenstock benötigt etwa 45 kg Pollen in einer Saison, denn Pollen sind wichtige Lieferanten von Proteinen, Kohlehydraten, Vitaminen, Spurenelementen und anderem. Kein Wunder, dass sich Bienen immer an Blumen zu schaffen machen.

Und wie genau sammeln und transportieren sie nun diese Pollen? „Ist doch klar", denkst du vielleicht. Aber werde mal nicht frech, denn du kennst wahrscheinlich nur die halbe Wahrheit und die andere Hälfte wird dich umhauen!

Während die Biene durch die Luft fliegt, lädt sie sich durch ihr extrem schnelles Flügelschlagen positiv auf. „Unglaublich!", denkst du jetzt, aber ja, elektrisch aufgeladene Bienen fliegen hier ständig überall herum! Die Pollenkörner einer Blume dagegen sind negativ aufgeladen und sobald die Biene auf der Blüte landet, löst sich der losgeschüttelte Pollen aus den Staubbeuteln und haftet auf den positiv geladenen Härchen der Biene. Er hüpft also quasi von selber auf die Biene, ohne dass sie ihn direkt berühren muss.

Forscher fanden sogar heraus, dass Bienen die elektrischen Felder mit ihren Härchen wahrnehmen können und so beurteilen, ob sich ein Besuch lohnt. Hatte sich zuvor eine andere Biene bereits dort bedient, fliegt sie weiter zu einer Blüte mit besserem Energiefeld.

Unglaublich, oder? Absolut!

Nachdem sie also wie ein Superheld mit magnetischen Superkräften den Pollen eingesammelt hat, streift sie ihn mit ihren Beinen entweder auf ihren Bauch oder ihre Hinterbeine. Könnte man vielleicht eleganter lösen, aber ich werde mich hüten, Kritik zu üben.

Zurück im Nest, putzt sich die Sammelbiene und lagert den Pollen in Zellen nahe dem Brutnest ein. Mit ihm wird der Nachwuchs gefüttert – und die männlichen Faulpelze, die Drohnen, zumindest solange sie noch für die Paarung gebraucht werden.

Honigbienen tragen Pollen an ihren Hinterbeinen in einem „Körbchen", ein Hohlraum, der von Haaren gesäumt ist, Corbiculae genannt.

WÄCHST WACHS?

Der griechische Philosoph Aristoteles glaubte, dass Bienenwachs ein pflanzliches Wachs sei. Er ging davon aus, dass Bienen es von Blüten einsammelten und dann mit ihren Beinen zum Nest trügen. Andere griechische Gelehrte der damaligen Zeit stellten Listen zusammen, in denen sie die Wachspflanzen aufzählten und nach ihrer Ergiebigkeit einstuften.

Erst später, Mitte des 17. Jahrhunderts, machten führende Naturforscher wie der holländische Biologe Jan Swammerdam die Beobachtung, dass die Honigbienen Pollen in Wachs umwandeln. Zwar gab es noch widersprüchliche Vorstellungen, wie genau diese Umwandlung bewerkstelligt wurde (zum Beispiel ob der Pollen mit Bienenspucke oder Honig oder vielleicht gar mit Bienengift aus dem Stachel angemischt werden würde). Einig waren sie sich nur, dass Pollen die Grundsubstanz ist.

Heute wissen wir, dass es Stockbienen sind, die das Wachs produzieren, indem sie mit Wachsdrüsen auf der Unterseite ihres Bauches flüssiges Wachs „ausschwitzen". Aus kleinen Wachsplättchen bauen dann andere Arbeiterinnen die Honigwabenzellen.

Weder die alten Griechen noch spätere Renaissancepfeifen wussten also, was wirklich in einer Bienenbeute vor sich geht. Wollten wohl schlauer tun, als sie wirklich waren.

Übrigens schlagen die Flügel der Honigbienen etwa 200-mal pro Sekunde!

Das erzeugt das typische Summen und lässt den Flügelschlag eines Kolibris mit nur 55 Schlägen in der Sekunde vergleichsweise lahm aussehen.

Schwärmereien

Einem Bienenschwarm ganz unvermittelt zu begegnen, kann schon erschreckend sein. Da geht man nichts ahnend sonntagnachmittags spazieren und urplötzlich sieht man sich einer riesigen, zuckenden Bienenmasse gegenüber, womöglich auf Augenhöhe von einem Ast baumelnd.

Kein Wunder, dass dann der sofortige Fluchtreflex die Oberhand gewinnt. Aber immer mit der Ruhe! Anders als viele glauben, sind schwärmende Bienen nicht aggressiv und darauf aus, die Weltherrschaft zu übernehmen. Dass Bienen schwärmen und sich das Volk dabei teilt, entspricht ihrem natürlichen Vermehrungstrieb. Wenn ein Bienenvolk stark genug ist oder die Futterquellen knapp werden, hören die Arbeiterinnen vorübergehend auf, die Königin zu füttern, damit sie keine Eier mehr legt und abnimmt. Erst dann ist sie fit genug, um den Stock zu verlassen und einen Teil des Volkes mitzunehmen.

Anfangs lässt sie sich in der Nähe des alten Stocks nieder und der Schwarm sammelt sich um sie herum – und baumelt dann vielleicht unverhofft vor deiner Nase. Eine kleine Gruppe von Kundschafterinnen fliegt in alle Richtungen davon und sucht nach einer geeigneten neuen Unterkunft. Sie kehren zurück und berichten mithilfe ihres Schwänzeltanzes von den Optionen. Erst wenn die Entscheidung gefallen ist, fliegt der Schwarm wirklich los in seine neue Behausung.

Schwärmende Bienen haben sich zuvor die Mägen mit Honig gefüllt und haben somit nur ein begrenztes Zeitfenster, in dem sie abwarten und dann einen neuen Platz finden können. An dem Ast vor deiner Nase bleiben sie also nur wenige Stunden. Einen längeren Zeitraum würden sie nicht überleben.

Da schwärmende Bienen nichts zu verteidigen haben und mit ihrem Umzug beschäftigt sind, sind sie normalerweise nicht aggressiv. Jedoch würden sie durchaus angreifen, sobald sie eine Gefahr für ihr Volk sehen. Halte also besser Abstand, denn nur ein Depp würde sie provozieren. Hängt der Schwarm ungünstig, sollten lokale

Imker benachrichtigt werden, die ihn meistens problemlos fangen und umsetzen können.

Unterdessen wird im alten Stock eine neue jungfräuliche Königin herangefüttert, die schlüpft und dann zum Hochzeitsflug aus dem Stock hinaus fliegt. Egal wie, es steht eine Beförderung an, und dann ist es Zeit, zum Alltagsgeschäft zurückzukehren.

BIENEN AUS ALLER WELT

Es ist jetzt keine Überraschung mehr, dass alle Bienen (offensichtlich) genial sind. Aber hier soll es darum gehen, wie genial diese verschiedenen Bienenarten wirklich sind.

Bienen sind heiß. Buchstäblich. Sie nutzen ihre Körpertemperatur und das Fächeln ihrer Flügel, um die Temperatur in ihrem Nest zu regulieren. Das Brutnest braucht rund ums Jahr eine optimale Temperatur von 35 °C zum Überleben. Das wären 95 °F für all jene, die das Pech haben, in einem Land zu leben, das sich in den 1970er-Jahren weigerte, auf das metrische System umzustellen. Aber zurück zu den genialen Bienen …

Die Westliche Honigbiene

Apis mellifera

Wow. Ich meine, was sonst soll man über Apis mellifera sagen?

Wer von Bienen spricht, denkt wohl automatisch an Honigbienen. Apis mellifera ist sicherlich die bekannteste Biene aller Zeiten. Verdient hat sie es! Sie versorgt die Menschheit seit Tausenden von Jahren mit Honig und sieht immer noch fantastisch aus! Ihre Arbeit als Bestäuberin ist einfach unglaublich. Das Sammeln der Pollen wirkt bei ihr so einfach! Ich denke, wir müssen gerechterweise sagen, dass wir ihr unglaublich viel schulden, denn ohne die Honigbiene wäre die moderne Landwirtschaft aufgeschmissen. Dank, wem Dank gebührt!

Außerdem sehen diese Bienen einfach fabelhaft aus: harmonisch in den Proportionen von Körper, Beinen und Flügeln, die klaren gelb-schwarzen Streifen und die genau richtige Menge flaumiger, weicher Härchen zum Pollensammeln. Ich finde, dass die Honigbiene die absolut perfekte Vertreterin der Bienen-Familie ist.

Ja, ich bin ein totaler Fan der Westlichen Honigbiene. Ich sehe sie überall, und obwohl ich ihr am liebsten jede Menge Fragen stellen würde, fehlen mir die Worte. Eigentlich will ich hier ganz lässig was von Bienen erzählen, aber dann fange ich einfach an zu grinsen und platze mit so etwas raus wie „Honig ist toll!“

Sagte ich etwa gerade „Honig ist toll!“? Oh Mann, ich komme mir echt wie ein Idiot vor ...

(Westliche Honigbiene)

- macht Honig
- Bienen-Promi!!
- so cool

Apis mellifera

Die Gelbgesichtige Hummel

Bombus vosnesenskii

Wir sind uns sicher einig, dass diese kleinen Flaumbälle superniedlich sind. Wie die Honigbienen sind sie eusozial, mit Völkern von ungefähr 200 Tieren, die in trockenen Löchern im Boden nisten. Als ob wir weitere Gründe finden müssten, sie zu mögen, sind sie beeindruckende Bestäuber von Blumen und vielen Gemüsearten.

Sie sind nicht wirklich angriffslustig, sondern eher der relaxte Typ nach dem Motto „Leben und leben lassen". Wer sie mal im USA-Urlaub beobachten konnte, wie sie fast in Zeitlupe ihrer Wege gehen, zufrieden brummen und ohne jede Eile von Blume zu Blume gleiten, weiß, was ich meine. Ich wette, sie wären eine super Gesellschaft, um abends gemeinsam auf der Terrasse mit einem Bier und ein bisschen Reggaemusik abzuhängen und Tomaten-Befruchtungsgeschichten auszutauschen.

Bombus vosnesenskii sind an der Westküste Nordamerikas beheimatet und können von British Columbia im Norden bis Baja California im Süden beobachtet werden. Kein Wunder, dass sie so locker und entspannt drauf sind.

Gelbgesichtige Hummel

Bombus vosnesenskii

Die kleinste Biene der Welt

Perdita minima

Wer weiß schon, ob es nicht noch kleinere Bienenarten gibt, denn bei einer Länge von nur etwa 2 mm bräuchte es schon ein Mikroskop, um sie überhaupt zu finden. Perdita minima ist eine solitäre Sandbiene, die im Südwesten der USA lebt und dort ihre klitzekleinen Nester in die sandige Erde gräbt.

Leider werden sie nur Bienenforscher mit ihren Bienen-Mikroskopen zu Gesicht bekommen, da sie einfach zu winzig sind. Noch dazu sind sie sandfarben, was nicht unbedingt hilfreich ist, wenn man sie im Sand finden will.

Vielleicht weil sie so gut wie niemand jemals sieht, hat sie keine umgangssprachliche Bezeichnung außer „die kleinste Biene der Welt". Was eine Schande ist, klingt es doch eher nach einer wenig besuchten Jahrmarktsattraktion. Ich denke, wir sind uns einig, dass sie einen angemesseneren Spitznamen verdient hätte. Wie zum Beispiel „Li'l Beezie" oder vielleicht „Minibieni". Die Namen stelle ich gern zur freien Verfügung, falls du zufällig Bienenforscher bist.

Die kleinste Biene der Welt

Ja, die Zeichnung
ist maßstabsgetreu.

(doch, wirklich)

Sind weniger als 2 mm lang, glaub's mir einfach.
Was soll das, bist du der Zeichnungsprüfer?

Perdita minima

Die Teddybärbiene

Amegilla bombiformis

Ja, ich meine tatsächlich die Teddybärbiene oder auch Goldhaarige Mörtelbiene. Wenn ich dich bisher noch nicht davon überzeugen konnte, dass Bienen niedlich sind, sollte es diese Biene endlich schaffen.

Ihr wissenschaftlicher Artname bombiformis bedeutet „hummelförmig". Während dieser kleine Kerl eventuell wirklich mit einer stämmigen Hummel verwechselt werden könnte, ist es tatsächlich eine australische Mörtelbiene der Familie der Apidae, umhüllt von flaumigem, orangebraunem Teddybären-Pelz.

Während angeblich viele Menschen Teddys niedlich finden, keine Ahnung warum, kommen sie mir ja eher gruselig vor. Ja, anfangs sehen sie vielleicht wirklich noch ganz nett aus, aber wenn ihr Plüsch erstmal eher abgetragen wirkt, die Füllung halb herausquillt, dann auch noch ein Auge an ein paar Fäden herabhängt und dich damit noch anglotzt – ahh, nein danke!

Aber davon abgesehen, stimme ich absolut zu, dass Amegilla bombiformis ganz liebenswert ist und tatsächlich ein bisschen wie ein kleiner Teddybär aussieht. Ähm, halt. Ein Bär, gekreuzt mit einer Biene? Na klar! Warum nicht? Ein Hoch auf Bärenbienen!

„Teddybärbiene"

1. bräunlich
2. flauschig
3. niedlicher Pummel

Amegilla bombiformis

Die Hosenbiene

Dasypoda hirtipes

Schaut euch nur diese Biene an! Das Weibchen hat extrem behaarte Hinterbeine, die mit Pollen gefüllt aussehen wie leuchtend gelbe Hosen. Mit Sicherheit ist sie die Modischste aus der Familie der Melittidae!

Dasypoda hirtipes wird manchmal auch die „Sandbiene mit den behaarten Beinen“ genannt, was wenig einfallsreich ist und, wenn ihr mich fragt, sogar ziemlich gemein. Wahrscheinlich wurde ihr deswegen von einem Forscher mit Sinn für Kleidung und Mode, der Body-Shaming verständlicherweise ablehnt, der Name „Hosenbiene“ gegeben.

Jetzt müsste sich nur noch jemand finden, der ihr ein winziges schwarzes Jackett näht und einen honiggelben Schal strickt.

Hosenbiene

Hosenbienen können riesige Mengen Pollen tragen, weil ihre Hinterbeine so behaart sind.

(Aber seid nett zu ihnen, keiner mag gerne an stark behaarten Beinen erkannt werden.)

Dasypoda hirtipes

Die Kürbisbiene

Xenoglossa strenua

Wer von Kürbisbienen spricht, meint eine von zwei verwandten Bienengattungen des Stammes Eucerini, nämlich Peponapis und Xenoglossa. Beide Gattungen werden Kürbisbiene genannt. Ich weiß das zwar, aber es scheint weder die Wissenschaftler noch die Bienen selber zu stören.

In unserem Fall handelt es sich um Xenoglossa strenua, eine Langhornbiene aus der Familie der Apidae. Wie es der Name schon sagt, geht es hier um das spannende Thema der Kürbisbestäubung. Ja, Kürbisse und Zucchini!

Nun ja, ich weiß, es ist nicht so einfach, sich für Kürbisse zu begeistern. Aber schaut euch doch nur mal diese große und faszinierende Biene an!

Sie sammelt Pollen von Kürbisgewächs-Blüten, wobei die Weibchen morgens aktiv sind und die Männchen später auftauchen und länger bleiben. Dabei verfangen sich die Männchen manchmal in den welken, sich schließenden Blüten und bleiben über Nacht gefangen. Ziemlich peinlich, oder, Leute?

Kürbisbiene

1. Bestäubt Zucchini und Kürbisse
2. Männchen verfangen sich manchmal in den Blüten
3. Könnte ja jedem passieren, oder nicht?

Schmeckt total lecker.

Xenoglossa strenua

Die Heidehummel

Bombus jonellus

Schaut euch mal diese kleine Hummel an! Die Heidehummel wurde nach ihrer Vorliebe für Heideblüten in Schottland und auf den Shetlandinseln benannt, doch sie kommt fast in ganz Europa vor, von Skandinavien bis Spanien und sogar in großen Teilen Asiens.

Für eine Hummel ist die Heidehummel ziemlich klein. Die Arbeiterinnen haben eine Körperlänge von nur etwa 12 mm, was sie natürlich erst recht niedlich aussehen lässt. Sie erinnern irgendwie an Shetlandponys, wenn diese ein weißes Hinterteil hätten und fliegen könnten. Wie genial – geflügelte, weiß getupfte Shetlandponys, die in unseren Blumenbeeten herumschwirren. Wäre das nicht obercool? Wenn ich mir das allerdings genau überlege, zweifle ich doch daran, dass fliegende Ponys in meinem Garten eine gute Idee wären. Ich bin da noch etwas hin- und hergerissen …

Heidehummel

Bombus jonellus

Die Schottische Erdbiene

Andrena scotica

Im Englischen hat diese Biene den viel netteren Namen „Chocolate Mining Bee“ – Schokoladen-Sandbiene. Sie hat die Größe einer Honigbiene, gehört der Familie der Andrenidae an und kommt häufig in West- und Mitteleuropa vor. Sie lebt solitär, wobei die Weibchen ihre eigenen Nester graben und ihre Jungen aufziehen. Interessanterweise benutzen sie meist einen gemeinsamen Eingang für zwei oder mehr (bis zu mehreren Hundert) unterirdische Bauten.

Warum sie wohl im englischen Sprachraum „Schokoladen-Sandbienen“ genannt werden? Vielleicht, weil sie einen kurzen, feinen, braunen Pelz haben, der aussieht, als sei er mit dunklem Kakao bepudert? Aber bevor ihr auf dumme Ideen kommt, will ich das gleich mal im Keim ersticken und mit aller Entschiedenheit sagen: Diese Bienen schmecken nicht nach Schokolade und das sollte auch niemand testen, nicht einmal um sicherzugehen.

Andere Insekten parasitieren übrigens häufig die Nester der Andrena scotica, einschließlich der Kuckucksbienenart Nomada marshamella, die – und das will ich abermals betonen – nicht nach Marshmallows schmeckt!

„Chocolate Mining Bee"

⚠ NICHT ESSBAR!

sieht aus wie mit Kakao bepudert, schmeckt aber definitiv NICHT nach Schokolade

Andrena scotica

Die Langhornbiene

Eucera longicornis

Heiliger Strohsack, was für Hörner!

Auch wenn wir wissen, dass das keine richtigen Hörner sind, sind sie doch beeindruckend!

Eucera longicornis sind eine Gruppe von Bienen aus dem Apidae-Stamm Eucerini, den Langhornbienen. Sie sind solitäre Erdbienen und natürlich nach den lächerlich langen Fühlern der Männchen benannt. Fühler, die so lang sind wie Kopf und Körper zusammen. Also wirklich, wie hätten sie auch sonst genannt werden sollen?

Eucerini sind weltweit verbreitet. Diesen gutaussehenden Kerl findet man dagegen in der paläarktischen Region, also vor allem in Eurasien und Nordafrika.

Wie bei anderen Langhornbienen auch, haben die Weibchen deutlich kürzere Hörner, ich meine natürlich Fühler.

Langhorn-biene

Eucera longicornis

Die Wallace-Riesenbiene

Megachile pluto

Was für ein Riesengerät! Das Weibchen ist größer als das Männchen. Mit ihrer gewaltigen Flügelspannweite von satten 6,4 cm, einem Körper so dick wie dein ganzer verdammter Daumen und ausgestattet mit abgefahren großen Unterkiefern, ist die Riesenbiene eine ganz schön imposante Erscheinung.

Nicht nur, dass Megachile pluto die größte bekannte Biene der Welt ist, sie galt auch bis 1981 als ausgestorben. Und danach wurde sie für weitere 40 Jahre nicht mehr gesehen. Das allererste Foto und Video eines lebenden Weibchens wurde 2019 in Indonesien aufgenommen.

Die Wallace-Riesenbiene, eine Mauerbiene, wurde nach Alfred Russell Wallace* benannt, der sie 1858 entdeckte. Seltsamerweise war er gar nicht sehr an Megachile pluto interessiert und widmete ihr nur eine Zeile in seinen Notizen. Was zum Teufel hast du dir dabei gedacht, Wallace? Aber davon abgesehen sind viele andere Biologen richtiggehend besessen von dieser riesigen, seltenen Biene.

Man glaubt, sie lebt hauptsächlich solitär und bohrt sich ihr Nest innerhalb von bewohnten Termitenbauten in Bäume. Ganz schön raffiniert! Das Weibchen benutzt ihre großen, gruseligen Unterkiefer, um Baumharz zu Kugeln zu formen, mit denen sie dann ihr Nest auskleidet.

Niemand weiß genau, ob diese Riesenbienen stechen können. Ein Biologe der University of Sydney, der bei der Expedition von 2019 mit dabei war, wird so zitiert: „Wir wären alle gerne gestochen worden, um zu erfahren, wie schlimm das wäre. Aber da wir nur dieses eine Exemplar fanden, behandelten wir es äußerst vorsichtig."

Tja, Biologen halt!

*Ja, genau dieser Alfred Russel Wallace, der gleichzeitig mit Charles Darwin die Evolutionstheorie durch natürliche Selektion begründete, aber nicht ebenso berühmt wurde. So ein Pech, Wallace!

Wallace-Riesenbiene

Holy Sh ...

Was für ein Riesenapparat!

Megachile pluto

BERÜHMTE MALER UND FEHLENDE BIENEN

Durch die Jahrhunderte hindurch gab es zahlreiche berühmte Künstler, von denen es auch weniger bekannte Gemälde gibt.

Mir fiel auf, dass in diesen „schwächeren“ Werken eines fehlt: Bienen! Warum? Vielleicht ist es genau das, was diesen Bildern Erfolg gebracht hätte.

Das brachte mich auf die Idee, wie cool es doch wäre, wenn ich die Zeit zurückdrehen könnte, um den Künstlern vorzuschlagen, ihren Bildern Bienen hinzuzufügen.

Leider gehören Zeitreisen noch nicht zu meinen Fähigkeiten. Aber ich möchte in diesem Kapitel an ein paar ziemlich guten Bildern zeigen, wie sehr sie durch das Hinzufügen von Bienen gewonnen hätten. Hier also die Kommentare, die ich den Künstlern gerne hätte zukommen lassen.

Ich bin davon überzeugt, dass sie mir, wären sie noch am Leben, Dankesbriefe geschickt hätten.

Im Boot

(1874)

ÉDOUARD MANET

Ich muss sagen, dieses Bild ist definitiv mein Lieblingsbild eines Gentlemans in einem weißen T-Shirt. Kleidsam ergänzt durch die Strohhut-Schnurrbart-Kombination, heutzutage sicherlich modisch der letzte Schrei! Keine Ahnung, ob das damals eher ironisch rüberkam, da im frühen 21. Jahrhundert Hipster den Look leider etwas übertrieben haben.

Jedenfalls fand ich immer, Monsieur Manet, dass Ihr Gemälde die gelangweilte Oberklasse perfekt wiedergab. Ein Blick auf die Dame im Boot reicht – ihr ist alles einerlei.

Aber zurück zum Thema: Wie wäre es, hier eine Hummel hinzuzufügen? Das würde dem Bild genau den richtigen Touch geben.

Der Strohhut schaut auch ohne Hummel schon ziemlich irritiert, so nach dem Motto: „Was zum Teufel sucht diese verdammte Biene in der Mitte vom See?“ Und sie dagegen: „Reg dich ab, James, die hat wenigstens ein Ziel im Leben!“ Denken Sie doch mal darüber nach, lieber Herr Manet!

Die Tanzklasse

(1874)

EDGAR DEGAS

Monsieur Degas, ich bin einer Ihrer größten Fans! Nicht, dass Sie mich falsch verstehen – das Bild ist toll. Sensationelle Farbpalette und überhaupt! Absolut, ich liebe die Tänzerinnen. Aber vielleicht ist es ein klein wenig langweilig, oder? Irgendwie stehen sie alle einfach herum, möglicherweise darauf wartend, dass etwas passiert? Ich denke, ein paar Bienen im Studio würden hier alles etwas aufmischen.

Gern geschehen!

Madonna und Kind

(CA. 1290–1300)

DUCCIO DI BUONINSEGNA

Ihr Bild der Madonna mit Kind musste mir einfach auffallen.

Es ist wirklich beeindruckend, wie Sie die Falten des Kleides darstellten, zumindest fürs frühe 14. Jahrhundert. Eine wirklich tolle Arbeit!

Aber bitte vergeben Sie mir diesen Kommentar, Ihre Jungfrau sieht etwas traurig aus. Vielleicht war es Ihre Absicht anzudeuten, dass sie die spätere unvermeidliche Kreuzigung ihres Kindes schon voraussieht? Meisterhaft, aber auch etwas deprimierend.

Außerdem ähnelt Ihr Christuskind mehr einem winzigen mittelalten Mann als einem echten Säugling.

Offen gesagt, war das ein häufiges Problem bei den Ikonenmalern Ihrer Zeit und wird später über Jahrhunderte so und so ähnlich ohne große Fortschritte wiederholt werden.

Aber keine Sorge – ich habe eine wunderbare Idee, wie Sie wirklich aus der Masse herausstechen könnten! Stellen Sie sich vor, was ein paar Bienen zur Auflockerung der etwas düsteren Szene bewirken würden!

Sie würden eine Beachtung finden, von der andere Künstler Ihrer Zeit nur träumen können …

Venus mit Amor als Honigdieb

(CA. 1580–1620)

COPY AFTER LUCAS CRANACH THE ELDER

Ich bin so was von begeistert von Ihrem Gemälde „Venus und Amor“. Wirklich! Viele Ihrer Renaissance-Maler-Kollegen übergehen das Thema leider völlig, aber Sie stellen die Bienen in den Mittelpunkt. Wow, Sie sind Ihrer Zeit weit voraus, mein Freund!

Amor die Hauptrolle als Honigdieb zu geben, war absolut genial. Niemand kann den kleinen Kerl wirklich leiden. Ja, ich weiß, er steht hier stellvertretend als eine Art Symbol für Sex und Liebe. Kunstgeschichte-Nerds mag das wichtig sein. Aber was hier wirklich durchschlägt, ist, dass das Publikum endlich das bekommt, was es will: dass die Bienen dem kleinen Honigwaben-grapschenden Cherub den Denkzettel geben, den er verdient.

Herrlich, wie Amor hilfesuchend zu Venus aufblickt, aber sie an ihm vorbei in die Ferne schaut und damit ausdrückt, was auch wir ihm gerne sagen würden: „Selber schuld, wenn du den Bienen Honig stiehlst, Dummchen!“

Dazu noch dieser Hut, den Sie der Venus aufgesetzt haben – fantastisch!

Es gibt da nur eine winzige Kleinigkeit, kaum erwähnenswert, die ich anmerken möchte: Vielleicht noch ein paar weitere Bienen? Nicht zu viele, aber vielleicht so 15 bis 20? Das könnte wirklich den durchschlagenden Erfolg bringen.

Davon abgesehen, reinste Perfektion!

DVM PVER ALVEOLO FVRATVR MELLA CVPIDO.
FVRANTI DIGITVM SEDVLA PVNXIT APIS.
SIC ETIAM NOBIS BREVIS ET MORITVRA VOLVPTAS
QVAM PETIMVS TRISTI MIXTA DOLORE NOCET

JETZT MAL ERNSTHAFT!

Das ist ja alles ganz nett, bis eine Spezies dann wirklich droht auszusterben. Und für Bienen, genauso wie für eine ziemliche Menge anderer Insekten, könnte das durchaus Wirklichkeit werden. Da läuten die Alarmglocken, denn das wären ernsthaft schlechte Nachrichten für uns alle.

Landwirtschaftliche Praktiken, die globale Erwärmung und Krankheiten zählen zu den Gründen. Wissenschaftler sind zu Recht zutiefst besorgt wegen der drohenden Auswirkungen auf die Welternährung.

Wir leben in einem sehr empfindlichen, aber perfekt ausbalancierten System mit einer überwältigenden Komplexität. Alles ist miteinander verflochten.

Das bedeutet, ein kleines Ungleichgewicht kann einen Dominoeffekt an Konsequenzen bewirken, die wir momentan noch nicht einmal überblicken können. Beispielsweise könnte sich das Verschwinden einer scheinbar unauffälligen Blume auf das Vorkommen eines Käfers auswirken, der ausschließlich in den Blättern dieser Pflanze nistet und den wiederum eine Vogelart benötigt, um ihre Jungen großzuziehen – ihr seht, was ich meine. Es ist das reinste Kartenhaus und wenn das zusammenstürzt, ist die Katastrophe da und wir Menschen sind mittendrin.

Bienen sind für unser Ökosystem von besonderer Bedeutung und damit superwichtig für das menschliche Überleben. Würden Bienen aussterben, wären wir in allergrößten Schwierigkeiten. Anstatt nun eine ganze Doktorarbeit zum Thema zu schreiben, beschränke ich mich hier auf die entscheidenden Punkte.

Bestäubung

Bienen spielen bei der Bestäubung eine wesentliche Rolle. Von allen Tieren sind Bienen die wichtigsten Bestäuber von Wild- und Nutzpflanzen. Ein Blick auf die Evolution der Blütenpflanzen zeigt die Korrelation zur Ausbreitung der Bienen.

Bienen fliegen über 90 Prozent der 107 weltweit wichtigsten Nutzpflanzen an, sie sind entscheidend für das Wachstum einer riesigen Menge von Pflanzen einschließlich unserer für die menschliche Ernährung elementaren Nutzpflanzen. Es gibt Wissenschaftler, die warnen, dass das Verschwinden der Bienen ein Ende der Ernte von Äpfeln, Kaffee, Kakao, Tomaten, Mandeln und vielen anderem bedeuten würde. Dann viel Glück bei einem Leben ohne Apfelkuchen, Kaffee, Schokolade, Pizza und Mandelmilch!

DIE WISSENSCHAFT HAT FESTGESTELLT

Einen von drei Bissen, die wir zu uns nehmen, verdanken wir den Bienen. Das klingt jetzt fast ein bisschen krass und als ich es las, hat es mir fast das Mittagessen ruiniert. Es macht aber klar, dass etwa ein Drittel unserer Lebensmittel auf die Bestäubung von Bienen angewiesen ist. Klingt einleuchtend, oder?

Wildtiere und Nutztiere

Pflanzenfresser, die auf bestimmte, von Bienen bestäubte Pflanzen angewiesen sind, würden ohne Bienen kaum überleben können. Rinder, deren Milch und Fleisch für uns wichtig sind, benötigen als Futter unter anderem Luzerne und Schweine Soja – all das ist auf Bienenbestäubung angewiesen. Es würde eine ziemliche Lücke bei der menschlichen Ernährung hinterlassen, wenn es plötzlich fehlen würde.

Wilde Pflanzenfresser wie Kaninchen und Rehe hätten es auch deutlich schwerer zu überleben, sie würden zusammen mit ihren Futterpflanzen verschwinden. Aasfressern, wie Geier und Wölfe, ginge es dagegen relativ gut, zumindest anfangs.

Treibstoff

Raps, den wir hauptsächlich als Öl aus der Küche kennen, ist stark auf die Bestäubung von Bienen angewiesen. Raps ist außerdem ein zunehmend wichtiger Bestandteil von Biokraftstoffen. Ohne Raps wären wir noch stärker auf fossile Treibstoffe angewiesen.

Baumwolle

Auch Baumwolle ist von der Bestäubung abhängig. Das Verschwinden der Bienen bedeutete einen massiven Rückgang der Baumwollernte. Mein Kleiderschrank ist voller bequemer Baumwollkleidung. Viel Spaß beim Verhungern in Polyesterhosen in einer höllisch apokalyptischen Welt ohne Bienen.

Die Landschaft

Das Verschwinden vieler Pflanzen würde sich auch auf Grünflächen auswirken und zur Versteppung führen. Fruchtbares Land würde langfristig zu Wüsten. Ohne Pflanzen, die Erosion verhindern, käme es zu Sandstürmen und Erdrutschen, die ganze Städte ausradieren könnten. Zuletzt wäre die Erde von Wüsten bedeckt, übersät mit polyesterbekleideten Skeletten.

Ich gebe zu, dass diese Szenen nur Vermutungen sind. Denn wie sich das Verschwinden der Bienen letztendlich auswirken würde, ist unsicher. Die Experten sind sich über die genauen Auswirkungen uneinig – das ist das immer gleiche Problem mit Wissenschaftlern und ihren gegensätzlichen Theorien. Aber die Mehrzahl der Experten, die nicht den Kopf in den Wüstensand stecken, stimmt darin überein, dass das Aussterben der Bienen eine wirklich richtig schlechte Sache für uns alle wäre.

Isst du gerne Äpfel ?

Bienen bestäuben sie nämlich für dich.

GEBT DEN BIENEN EINE CHANCE

Alles ziemlich düstere Aussichten, oder? Denn was bliebe uns ohne die Bienen? Aber wir alle können etwas für sie tun! Und irgendwie schulden wir ihnen das doch, oder?

Einen Bienengarten anlegen

Die größte Bedrohung für die Bienen ist der zunehmende Verlust ihres Lebensraums und somit von vielfältigen Nahrungsquellen, die zum Überleben der Völker unverzichtbar sind. Am hilfreichsten ist es, eine pollen- und nektarreiche Oase für die Bienen anzupflanzen. Das braucht gar nicht viel Platz! Nicht einmal ein Garten ist erforderlich, denn den Bienen ist es egal, ob du einen Garten, Blumenkästen oder Töpfe vor der Haustür bepflanzt.

Vorschläge für bienenfreundliche Pflanzen findest du auf Seite 108. Einheimische Pflanzen sollten bevorzugt werden. Sinnvoll sind Gruppenpflanzungen oder zumindest immer mehrere einer Sorte dicht nebeneinander, denn Bienen beschränken sich normalerweise auf eine Pflanzenart pro Anflug und das sollte dann schon lohnend sein. Schön wäre es außerdem, wenn durchs Jahr hindurch immer etwas in Blüte stünde, was den Bienen als Nahrung dienen kann.

Zurück zur Natur

Haha, nein, ich rede hier nicht von deiner Haarfarbe, sondern von Pflanzenschutz- und Schädlingsbekämpfungsmitteln und chemischem Dünger für deinen Rasen und deine Beete. Sie sind problematisch für Bienen und andere bestäubende Insekten. Im Klartext: Es ist Zeit, auf organische Gartenprodukte umzustellen!

Bienenfreundliche Gartenpflanzen

- Oregano
- Minze
- Efeu
- Lavendel
- Rosmarin
- Löwenmäulchen
- Kornblume
- Glockenblume
- Thymian
- Fetthenne
- Ringelblume
- Klee
- Petersilie
- Phlox
- Wicke
- Fingerhut
- Krokus
- Sonnenhut
- Mohn
- Erdbeere
- Salbei
- Fenchel
- Koriander
- Stockrose
- Hahnenfuß
- Katzenminze
- Dill
- Geißblatt
- Zucchini
- Kohl
- Storchschnabel
- Zwiebel
- Hyazinthe
- Blaubeere
- Ziest
- Goldrute
- Schafgarbe
- Schnittlauch
- Wilde Möhre
- Kapuzinerkresse
- Löwenzahn
- Veilchen

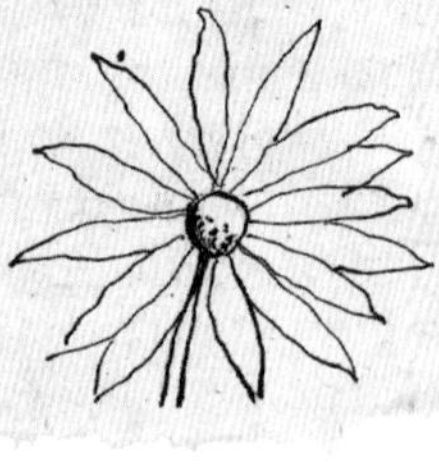

Wildnis wagen

Auch wenn es viele nicht hören wollen: Es hilft nichts so sehr wie der Verzicht auf übertriebene Gartenpflege. Sogenannte Unkräuter wie Löwenzahn, Klee und andere blühende Wildkräuter sind überlebensnotwendige Futterquellen für Bienen, von Nahrung und Lebensraum für eine Vielzahl anderer Insektenarten ganz abgesehen. Lasst also die Unkräuter ihre Arbeit tun! Falls das für deine Familie undenkbar ist, sollte man mit dem Jäten zumindest bis nach der Blüte warten. So hätten die Bienen eine Chance, die Blüten anzufliegen. Ein englischer Rasen ist ein recht trostloser Anblick für eine Biene!

Wiese statt Rasen

Wir müssen versuchen, verschiedene sogenannte Unkräuter endlich als das zu sehen, was sie sind: nützliche wilde Pflanzen, die wir in Ruhe lassen sollten. Aber in vielen Wohngegenden gilt eine Löwenzahnwiese nun mal als Schandfleck. Wahrscheinlich eine weitere gesellschaftliche Erwartungshaltung, der wir uns unterwerfen, auch wenn wir uns dabei schlecht fühlen.

Uns anzupassen ist wohl ein tief eingebetteter Teil unserer Kultur, aber wenn wir es endlich schaffen würden, unsere Körper zu akzeptieren und unser Leben zu leben, könnten wir vielleicht auch diesen Löwenzahnkomplex gehen lassen. Bis es so weit ist, wäre es vielleicht eine gute Idee, den ganzen lächerlichen Rasen abzuschaffen ... Denn es ist doch eigentlich Irrsinn: eine feldgroße Fläche voller Gräser, die gewässert und gedüngt werden muss, um grün zu bleiben? Nur, damit wir dann den Samstag damit verbringen, es abzuschneiden? Denn was passiert mit Gras, wenn es gewässert und gedüngt wird? Genau, es wächst! Und so ruinieren wir den nachbarschaftlichen Frieden, indem wir mit einer Abgas ausstoßenden, Diesel verbrennenden 40-kg-Maschine alles wieder kurzscheren, damit es wie ein Teppich aussieht und nicht etwa wie lebendes Gras.

Ganz ehrlich jetzt – das klingt schon etwas dumm, oder?

„Aber was soll ich denn sonst machen?", fragst du. Rausreißen! Ganz einfach, diesen wasser- und zeitverschwendenden, kleinbürgerlichen Teppich rausreißen und durch etwas viel Besseres ersetzen. Zum Beispiel durch Beete mit bienenfreundlichen einheimischen Pflanzen und Büschen. Oder alles in eine Wiese voller Wildblumen und heimischer Gräser verwandeln. Kein samstägliches Mähen mehr! Nie mehr Unkraut jäten! Sieht toll aus und rettet Bienen. Dafür geschenkte Zeit für eine Limonade oder ein Bier. Gern geschehen!

Pluspunkt: Wir drehen den Spieß um und zeigen den Nachbarn mit seinem löwenzahnfreien, perfekt manikürten Rasen den Stinkefinger. Denn wir tauschen das Gras gegen Natur und retten die Bienen und den Planeten. Win-win!

Einen Baum pflanzen

Auch blühende Bäume liefern Nektar und Pollen und wir sollten so viele wie möglich pflanzen. Zusätzlich bieten Bäume wichtigen Lebensraum und Nistmaterial für die Bienenarten, die Harz und Blätter nutzen. Ach ja, natürlich denken wir auch an die Vögel und überhaupt an die frische Luft. Also Bäume sind einfach rundum wichtig für Ökologie und Klima. Logisch, oder?

Home Sweet Home

Auch Bienen brauchen ein Zuhause. Von Honigbienen einmal abgesehen, lebt die Mehrzahl der Bienenarten in der Erde, in Baumlöchern oder hohlen Stämmen. Nisthilfe für Hummeln sind die unberührten Ecken in deinem Garten. Insektenhotels für Wildbienen kann man kaufen oder aus Stängeln und Röhren selber bauen.

Örtliche Imker unterstützen

Imker haben alle Hände voll zu tun, ihre Bienenvölker zu erhalten und zu schützen. Sie stellen verschiedene Bienenprodukte her und bieten außer Honig beispielsweise Kerzen und Seifen an. Kauft bitte vom Imker in eurer Nachbarschaft und unterstützt sie auf diese Weise!

Eine Bienentränke bauen

Ja, unglaublich, auch Bienen brauchen Wasser. Eine flache Badeschale für Vögel oder einfach ein mit sauberem Wasser gefüllter Napf sind für durstige Bienen hilfreich. Ein paar Steine hinein, die aus dem Wasser herausschauen, und schon haben die Bienen einen sicheren Landeplatz zum Trinken.

In der Hummel-Notaufnahme

Wenn ihr eine regungslose Hummel findet, die anscheinend nicht mehr fliegen kann, ist die Wahrscheinlichkeit groß, dass sie sich nur ausruht. Wenn sie sich aber über 45 Minuten lang nicht rührt, ist sie vielleicht in Schwierigkeiten und könnte Hilfe gebrauchen. Am einfachsten ist es, die Hummel vorsichtig auf eine Blüte zu setzen. Fertig.

Ups, keine bienenfreundliche Blume zur Hand? Oh nein, welche Pflanzen zählen noch mal zu den bienenfreundlichen? Ahhh, ich wusste doch, dass ich mir eine Liste machen und diese dann immer bei mir tragen wollte! Und was jetzt? Diese Hummel braucht dringend Hilfe! Was soll ich machen?

Also erst einmal Ruhe bewahren! Und dann eine Zuckerlösung im Verhältnis 1:1 anrühren, etwas davon auf einen Löffel oder eine Flaschenverschlusskappe geben und dies der Hummel höflich servieren. Bitte dem Hummel-Kopfende anbieten! Wenn Letzteres verwirrend sein sollte, darf das gerne ein Hummel-Experte übernehmen. Bitte wählt dafür ein geschütztes Plätzchen aus, damit niemand aus Versehen auf das Hummelchen tritt. Das Zuckerwasser kann ihr die Energie zurückgeben, die sie braucht, um wieder abzuheben und ihr Hummelleben weiterzuführen.

Wichtige Anmerkung: Dies ist eine einmalige Notmaßnahme. Zuckerwasser ist keine angemessene Hummelnahrung und tut ihnen dauerhaft nicht gut. Bitte also nicht leichtfertig verteilen, egal wie beliebt ihr euch bei Bienen und Hummeln machen wollt.

1:1-Zuckerwasser-Lösung

- Nimm weißen Zucker, Süße!
- Niemals Honig nehmen, Bärchen!

  (könnte mit Keimen ☠ belastet sein)

- Gut zureden!

Eine letzte Sache noch

Ich weiß, es fällt uns allen schwer, Dinge neu anzugehen. Aber bedenkt: ohne Bienen keine Pflanzen, keine Bäume und keine Vögel. Und was bitte sollen dann unsere Katzen fressen?

Ob wir es wollen oder nicht: Unsere Gärten sind ein Teil des Ökosystems. Unsere ganz individuellen und gemeinschaftlichen Entscheidungen haben Einfluss auf das Klima und die Umwelt. Unser Handeln hat Auswirkungen auf Bienen und wir sollten jetzt aktiv werden, bevor wir alle aufgeschmissen sind.

DANKSAGUNG

Ein Buch zu schreiben, ist Teamarbeit. Ich möchte mich daher aufrichtig bei allen von Chronicle Books bedanken, die dieses Buch möglich gemacht haben. Ganz besonderer Dank geht an meine Lektorin Becca für ihre Freundschaft, ihre Kompetenz und ihren Sinn für Humor und überhaupt für die tolle Zusammenarbeit.

Ein dickes Dankeschön geht an meine Agentin Rosie für ihre ständige Unterstützung und ihre Bereitschaft, für mich da zu sein. Unermüdlich stand sie mir mit Rat und Tat zur Seite, gab mir hilfreiche Rückmeldungen oder auch nur neuen Mut.

Meine Familie war immer meine Basis und erdete mich mit ihrer Liebe und ihrem Humor. Ich verdanke ihnen mehr, als sie jemals wissen werden, vor allem meiner Frau und ihrer unermüdlichen Unterstützung, ihrer Geduld und ihren gelegentlich erhobenen Augenbrauen.

Zuletzt möchte ich meinen Leserinnen und Lesern danken. Es überrascht mich immer wieder, dass ihr meine Bücher so schätzt. Eure Anerkennung ist wunderbar und so danke ich euch für eure Begeisterung und Unterstützung. Ihr ermöglicht es mir, das zu machen, was ich liebe: spannende und manchmal durchaus seltsame Dinge zu sammeln und in die Welt hinauszutragen. Ich bin euch von Herzen dankbar, dass ihr mir dies ermöglicht.

ANMERKUNG DES DEUTSCHEN VERLAGES

Das vorliegende Buch ist eine Übersetzung aus dem Nordamerikanischen. Einige der erwähnten Tierarten sind bei uns in Europa nicht heimisch. Sie werden jedoch vom Autor exemplarisch als Beispiele für bestimmte Gattungen erwähnt. Daher und um unnötige Exkurse in die Systematik zu vermeiden, wurden diese Textstellen so belassen.

LITERATURQUELLEN

Abramson, Charles I., et al. „Operant Conditioning in Honey Bees (Apis mellifera L.): The Cap Pushing Response.“ PLOS ONE 11, no. 9 (2016): e0162347. https://doi.org/10.1371/journal.pone.0162347.

Barron, Andrew. „The Honey Bee Brain.“ Templeton World Charity Foundation. YouTube Video, 12 Juli 2019. https://www.youtube.com/watch?v=N_wei-1OdK0E.

BBC. Behind the Beehive: The Code. Episode 2. YouTube Video, 27. Juli 2011. https://www.youtube.com/watch?v=F5rWmGe0HBI.

Briggs, Helen. „Prehistoric Farmers Were First Beekeepers.“ BBC News, 11. November 2015. https://www.bbc.com/news/science-environment-34749846.

Brunet, Johanne. „Pollinator Decline: Implications for Food Security & Environment.“ Scientia, 26. Juni 2019. https://www.scientia.global/pollinator-decline-implications-for-food-security-environment.

Buchman, Steve. „Perdita minima– ‚World's Smallest Bee.‘" U.S. Forest Service. https://www.fs.fed.us/wildflowers/pollinators/pollinator-of-the-month/perdita_minima.shtml.

C., Hannah. „How Do Bees Drink Nectar Exactly?" Science Times, 11. August 2020. https://www.sciencetimes.com/articles/26838/20200811/bees-drink-nectar-exactly.htm.

Davis, Nicola. „Goal! Bees Can Learn Ball Skills from Watching Each Other, Study Finds.“ The Guardian, 23. Februar 2017. https://www.theguardian.com/science/2017/feb/23/goal-bees-can-learn-ball-skills-from-watchinge-ach-other-study-finds.

Donkersley, Philip. „Bees: How Important Are They and What Would Happen If They Went Extinct?" The Conversation, 19. August 2019. http://theconversation.com/bees-how-important-are-they-and-what-would-happenif-they-went-extinct 121272.

Dunning, Hayley. „Bee Brains as You Have Never Seen Them Before.“ Imperial College London News, 24. Februar 2016. https://www.imperial .ac.uk/news/171050/bee-brains-have-never-seen-them.

Embry, Paige. Our Native Bees: America's Endangered Pollinators and the Fight to Save Them. Portland, OR: Timber Press, 2018.
Engel, Michael S. „Notes on the Classification of Ctenocolletes (Hymenoptera: Stenotritidae)." Journal of Melittology 92 (2019): 1–6. https://doi.org/10.17161/jom.v0i92.12073.
Hanson, Thor. Buzz: The Nature and Necessity of Bees. New York: Basic Books, 2018.
Hepburn, H. R. Honeybees and Wax: An Experimental Natural History. Berlin: Springer-Verlag, 1986.
Jarimi, Hasila, et al. „A Review on Thermoregulation Techniques in Honey Bees' (Apis mellifera) Beehive Microclimate and Its Similarities to the Heating and Cooling Management in Buildings." Future Cities and Environment 6, no. 1 (2020): 7. https://doi.org/10.5334/fce.81.
Karihaloo, B. L., et al. „Honeybee Combs: How the Circular Cells Transform into Rounded Hexagons." Journal of the Royal Society Interface 10, no. 86 (2013): 20130299. https://doi.org/10.1098/rsif.2013.0299.
Krulwich, Robert. „What Is It About Bees and Hexagons?" Krulwich Wonders, NPR, 14. Mai 2013. https://www.npr.org/sections/krulwich/2013/05/13/183704091/what-is-it-about-bees-and-hexagons.
Loukola, Olli J., et al. „Bumblebees Show Cognitive Flexibility by Improving on an Observed Complex Behavior." Science 355, no. 6327 (2017): 833–36. https://doi.org/10.1126/science.aag2360.
Mayo Clinic Sta©. „Honey." Mayo Clinic, 14. November 2020. https://www.mayoclinic.org/drugs-supplements-honey/art-20363819.
Michener, Charles D. The Bees of the World. Baltimore: Johns Hopkins University Press, 2000.
Millar, Helen. „The Importance of Bees to Humans, the Planet, and Food Supplies." Medical News Today, 18. Mai 2021. https://www.medicalnewstoday.com/articles/why-are-bees-important-to-humans.
Patel, Vidushi, et al. „Why Bees Are Critical for Achieving Sustainable Development." Ambio 50, no. 1 (2021): 49–59. https://doi.org/10.1007/s13280-020-01333-9.
Petruzzello, Melissa. „What Would Happen If All the Bees Died?" Encyclopedia Britannica. https://www.britannica.com/story/what-would-happen-if-allthebees-died.

Quenqua, Douglas. „The World's Largest Bee Is Not Extinct." The New York Times, 21. Februar 2019. https://www.nytimes.com/2019/02/21/science/giant-bee-wallace.html.
Tarpy, David. „The Honey Bee Dance Language." NC State Extension Publications. 23. Februar 2016. https://content.ces.ncsu.edu/honey-bee-dance-language.
Vickers, Hannah. „Why Are Bees Important? And How You Can Help Them." Woodland Trust, 17. Juli 2018. https://www.woodlandtrust.org.uk/blog/2018/07/why-are-bees-important-and-how-you-can-help-them.
Zakon, Harold H. „Electric Fields of Flowers Stimulate the Sensory Hairs of Bumble Bees." Proceedings of the National Academy of Sciences 113, no. 26 (2016): 7020. https://doi.org/10.1073/pnas.1607426113.
Zhang, Shaowu, et al. „Honeybee Memory: A Honeybee Knows What to Do and When." Journal of Experimental Biology 209, no. 22 (2006): 4420–28. https://doi.org/10.1242/jeb.02522.

ZUM WEITERSTÖBERN

Boyer, P.: Vom Leben der Wildbienen. Verlag Eugen Ulmer, Stuttgart 2023

Gastl, M.: Mehr Natur im Garten. Verlag Eugen Ulmer, Stuttgart 2021

Gastl, M.: Ideenbuch Nützlingshotels. Verlag Eugen Ulmer, Stuttgart 2022

Hoffmann, H.: Richtig gute Insektenhotels. Verlag Eugen Ulmer, Stuttgart 2021

Hopfenmüller, S. und Stangler, E.: Bienen retten. Verlag Eugen Ulmer, Stuttgart 2021

Kupfer, Q. und Kupfer, F.: #meetthebeefamily. Quentins Welt der Bienen. Verlag Eugen Ulmer, Stuttgart 2023

Ritter, W. und Schneider-Ritter, U.: Das Bienenjahr. Imkern nach den 10 Jahreszeiten der Natur. Verlag Eugen Ulmer, Stuttgart 2020

Ritter, W.: Bienen gesund erhalten. Verlag Eugen Ulmer, Stuttgart 2021

Schwarzer, E.: Mein Bienengarten. Verlag Eugen Ulmer, Stuttgart 2020

Seeley, T.D.: Das Leben wilder Bienen. Verlag Eugen Ulmer, Stuttgart 2021

Tautz, J.: Auch Bienen haben Schweißfüße. Verlag Eugen Ulmer, Stuttgart 2024

Westphal, U.: Der Imkerkurs für Einsteiger. Verlag Eugen Ulmer, Stuttgart 2021

Westphal, U.: Naturnah und alltagstauglich imkern. Verlag Eugen Ulmer, Stuttgart 2023

Wiesbauer, H.: Wilde Bienen. Verlag Eugen Ulmer, Stuttgart 2023

BILDQUELLEN

The Metropolitan Museum of Art, New York, Buoninsegna, Duccio di. Madonna and Child. https://www.metmuseum.org/art/collection/search/438754.

The Metropolitan Museum of Art, New York, Degas, Edgar. The Dance Class. https://www.metmuseum.org/art/collection/search/438817.

The Metropolitan Museum of Art, New York, Manet, Édouard. Boating. https://www.metmuseum.org/art/collection/search/436947.

The Metropolitan Museum of Art, New York, Venus with Cupid the Honey Thief. Robert Lehman Collection. https://www.metmuseum.org/art/collection/search/459077.

Alle Grafiken stammen vom Autor.

GENERAL REFERENCE WEBSITES

American Bee Journal. https://americanbeejournal.com.
The Bee Conservancy. https://thebeeconservancy.org.
Bumblebee Conservation Trust. https://www.bumblebeeconservation.org.
BuzzAboutBees.Net. https://www.buzzaboutbees.net.
Entomological Society of America. https://entsoc.org.
Honey Bee Suite. https://www.honeybeesuite.com.
iNaturalist. https://www.inaturalist.org.
PNW Bumble Bee Atlas. https://www.pnwbumblebeeatlas.org.
Puget Sound Beekeepers Association. https://www.pugetsoundbees.org.
Wikipedia. https://www.wikipedia.org.
World Wildlife Fund. https://www.worldwildlife.org.

Siebzehn Bienen, mit denen ich gern abhängen würde

1. *Halictus tripartitus*
2. *Apis nigrocincta*
3. *Agapostemon angelicus*
4. *Andrena scotica*
5. *Bombus ternarius*
6. *Melissodes robustior*
7. *Andrena prunorum*
8. *Syntrichalonia exquisita*
9. *Peponapis pruinosa*
10. *Andrena auricoma*
11. *Bombus hypnorum*
12. *Nomada ochrohirta*
13. *Bombus perplexus*
14. *Apis dorsata*
15. *Apis florea*
16. *Xylocopa tabaniformis*
17. *Bombus insularis*

Ein paar gute Einstiege fürs Bienen-Gespräch:

→ Und, wie fühlt man sich so als Schweißbiene?

→ Ich liebe deinen Look!
(Kompliment für den orangenen Gürtel)

→ Und, welcher ist dein Lieblingskürbis ...?

→ Du bist immer so tiefenentspannt – wie machst du das nur?

→ Also „Riesenhonigbiene" klingt echt hammerhart!
(ein bisschen flirtig)

→ Offen für alles, Kuckucksbiene?
Lass hören!

Meine aktuellen Lieblingsbienen in meinem Garten

1. Lily — niedlich, immer gut drauf, nimmt nichts übel
2. Jasmin — redet niemals schlecht über andere
3. Viola — ernsthaft und lustig (aber nie gleichzeitig)
4. Ivy — liebenswert, engagiert
5. Daisy — heimlich boshaft
6. Röschen — beliebt bei ihren Freundinnen, selbstbewusst
7. Poppy — laut und lustig

Welches sind deine Lieblingsfacts über Bienen?

1. ____________________
2. ____________________
3. ____________________
4. ____________________
5. ____________________
6. ____________________
7. ____________________
8. ____________________
9. ____________________
10. ____________________
11. ____________________
12. ____________________
13. ____________________
14. ____________________
15. ____________________
16. ____________________
17. ____________________
18. ____________________
19. ____________________
20. ____________________
21. ____________________
22. ____________________

Ist es nicht irre, wie viel geniales Wissen es über Bienen gibt? Du kannst gern Extrablätter dazunehmen, wenn du noch mehr brauchst.

Impressum

Die in diesem Buch enthaltenen Empfehlungen und Angaben sind vom Autor mit größter Sorgfalt zusammengestellt und geprüft worden. Eine Garantie für die Richtigkeit der Angaben kann aber nicht gegeben werden. Autor und Verlag übernehmen keine Haftung für Schäden und Unfälle. Bitte setzen Sie bei der Anwendung der in diesem Buch enthaltenen Empfehlungen Ihr persönliches Urteilsvermögen ein.
Der Verlag Eugen Ulmer ist nicht verantwortlich für die Inhalte der im Buch genannten Websites.

Anmerkung zur Schreibweise (Gendering): Gendergerechtigkeit und Inklusion sind bei uns gelebte Praxis – bei der Auswahl unserer Themen, bei der Recherchearbeit, in der Gestaltung. Unsere Texte meinen alle. Damit unsere Inhalte jedoch gut lesbar bleiben, verzichten wir in diesem Werk auf die jeweilige Mehrfachnennung oder Anpassung der Schreibweise bestimmter Bezeichnungen an die weibliche, männliche oder diverse Form.

Bibliografische Information der Deutschen Nationalbibliothek
Die Deutsche Nationalbibliothek verzeichnet diese Publikation in der Deutschen Nationalbibliografie; detaillierte bibliografische Daten sind im Internet über http://dnb.d-nb.de abrufbar.

Englischsprachige Originalausgabe:
OMFG, Bees! Bees Are So Amazing and You're About to Find Out Why.
Author and illustrator: Matthew Kracht.
Design: Maggie Edelman.
First published in English by Chronicle Books LLC, San Francisco, California.

© 2024 Eugen Ulmer KG
Wollgrasweg 41, 70599 Stuttgart (Hohenheim)
E-Mail: info@ulmer.de
Internet: www.ulmer.de
Projektleitung: Antje Munk
Lektorat: Antje Krause, Annette Flesch
Herstellung: Judith Schumann
Umschlaggestaltung: Verlag Eugen Ulmer
Satz: Mohammed Ahmadi
Reproduktion: time:ray, Jettingen
Printed in China

FSC
www.fsc.org
MIX
Paper | Supporting responsible forestry
FSC™ C008047

ISBN 978-3-8186-2203-9